—社会工作与社会治理丛书—

U0278000

孙旭友 著

模式与经验

城乡生活垃圾分类治理

CLASSIFICATION GOVERNANCE OF URBAN AND RURAL DOMESTIC WASTE

Models and Experiences

社会科学文献出版社
SOCIAL SCIENCES ACADEMIC PRESS (CHINA)

# 总　序

改革开放 40 多年以来，我国取得了举世瞩目的经济快速发展成果，并长期保持社会稳定。党的十八大以来，中国式现代化建设进入了新的历史阶段，我国人民的获得感、幸福感和安全感不断提升。随着改革开放的进一步深化，我国出现了一系列新的社会问题，人口老龄化、生育率下降、城乡差距扩大、社会保障体系不完善、结构性失业等问题日益凸显。这些问题对国家治理体系和治理能力现代化提出了挑战。

国家治理体系现代化是中国式现代化的重要组成部分，而社会治理体系是国家治理体系的重要内容。中央社会工作部的成立，对于社会工作的专业性和社会治理特别是基层社会治理的理论性、科学性、应用性提出了更高的要求。在新的"大社会工作"格局下，社会工作学科将在健全社会治理体制中发挥更重要的作用。

当前，中国的社会工作、社会治理与社会政策等学科面临着诸多挑战与机遇，中国式现代化建设对社会工作相关学科的发展提出了更高的要求。社会工作相关学科的论著与国家和社会的需要还存在着一定差距，在中国自主知识体系建构方面还没有取得显著的成效，这在一定程度上制约了我国社会工作与社会治理理论和实践的深化与发展。鉴于此，山东女子学院"社会工作与社会治理丛书"应运而生，旨在为中国社会工作与社会治理领域的发展尽一份力量。

山东女子学院社会工作专业始建于 1996 年，是山东省开设的第一个社会工作专业。社会工作专业围绕学校应用型地方特色名校的办学定位，培养具有社会性别意识，"仁爱尊重、公平正义、助人自助"价值理念，为妇女、儿童、老年人提供精准服务的高素质应用型、复合型社会工作人才。在学界同仁的关怀和大家的共同努力下，社会工作专业建设取得了一定成绩。山东女子学院社会工作专业 2019 年获批山东省一流本科专业建设点，2002 年获批教育部教学改革试点专业和国家一流本科专业建设点。与此同时，社会工作学科形成以妇女发展为中心，融合儿童、老年人、环境多个研究点的"一核多点"特色研究格局与人才培养体系，产生了一定的学术和社会影响。

本丛书的出版，是山东女子学院社会工作专业开展国家级一流本科专业建设的系列成果之一，也是社会工作学科不断发展的见证。编写这样一套丛书旨在为社会工作者提供理论指导和实践经验。本丛书的内容涵盖了城乡福利发展、养老服务管理、生活垃圾分类治理以及城乡养老服务模式等多个方面。希望本丛书的出版，能够推动社会工作与社会治理领域自主知识体系的建构和专业知识的普及，促进我国社会工作专业队伍的成长壮大，进而提升大社会工作的整体水平和社会治理的有效性。同时，也希望这套丛书能够成为政府决策部门的重要参考，为制定和完善更加科学合理的社会工作与社会治理政策提供坚实的理论基础和实践经验。

张文宏

南开大学社会学院院长

中国社会学会副会长

2024 年 10 月 20 日

# 目 录

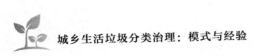
## 下　编

### 农村生活垃圾分类治理的城乡一体化模式

#### ——以鲁、浙两省调查为例

# 上 编

## 城市生活垃圾分类治理的市场驱动模式

### ——以浙江 HG 回收为例

# 第一章

# "垃圾围城"：现代城市可持续发展的难题

　　垃圾污染不是一个单纯的现代性困境，垃圾围城问题由来已久。伊恩·道格拉斯（2016）在对世界城市环境史的考察中提到，各个文明古国对废弃物的处理早已得到政府的重视，且有相关政策规定。为了保护环境卫生，制止随意丢弃生活垃圾，早在殷商时期我国就设立了相关法律。如《韩非子·内储说上七术》："殷之法，刑弃灰于公道者断其手。"西汉时的《盐铁论·刑法篇》中也有弃灰于道者被刑的内容。垃圾历来需要政府与民众合作处置，这也是城市管理与发展的一个重要问题。只是到了现代社会，随着生产力水平提升与消费资料急剧增加，由资本和消费联手打造的"高生产-高消费-高废弃"的消费主义逻辑导致垃圾污染与"垃圾围城"问题越发严峻。这种由现代化、消费主义、城市化、工业化等多种社会结构力量塑造的全球垃圾问题，给世界各国的城市社会经济发展带来极大的消极影响，"垃圾围城"是对城市生活垃圾污染的形象表达。根据世界银行2018年发布的报告《垃圾何其多2.0》，全世界每年产生20.1亿吨城市生活垃圾，其中至少有33%没有经过环境无害化处理，生活废弃物已经成为人类生存的主要威胁之一，急需系统性的生活废弃物管理。①

　　伴随中国经济的急速增长、城镇化进程加快与现代生活方式的普适化，中国城市也面临"垃圾围城"的环境社会风险。根据住建部公布

---

　　① 参见 https://datatopic.worldbank.org/what-a-waste/#whatawaste2。

的数据①，2020 年中国城市生活垃圾清运量为 2.35 亿吨，同比增长 6.16%，当前生活垃圾的无害化处理仍主要通过卫生填埋和焚烧进行，但现有的填埋和焚烧的处置能力趋于饱和且垃圾处置设备难以新建。"垃圾围城"已成为大多数城市面临的主要社会环境问题和可持续发展的难题之一。中国的"垃圾围城"困境早已引发社会各界高度关注，推动生活垃圾分类与资源化利用已成为全社会共识。

## 第一节　问题提出与文献综述

1973 年，中国第一次环境保护会议在北京召开，拉开了中国环境保护事业的序幕。在此后的将近 40 年里，国家构建了多维度、立体化与全方位的环境治理保护政策体系，始终把构建资源节约型社会与环境友好型社会作为我国可持续发展的基本目标。尤其是党的十八大之后，在习近平生态文明思想指引下，生态文明建设成为国家社会经济发展与现代化转型的重要依据，我国始终坚持节约资源和保护环境的基本国策，坚持节约优先、保护优先、自然恢复为主的方针，坚定走生产发展、生活富裕、生态良好的文明发展道路。生活垃圾分类与资源化利用是落实生态文明建设、美丽中国建设与"双碳"目标的重要抓手，得到了各级政府的高度重视与实践推动。

自 2000 年上海、桂林等作为生活垃圾分类试点的 8 大城市开始，中国城市生活垃圾进入分类处理时代。尤其是 2017 年国家发展改革委、住房和城乡建设部联合制定了《生活垃圾分类制度实施方案》（以下简称《方案》），中国城市生活垃圾处理进入分类时代。《方案》提出，2020 年底前，直辖市、省会城市和计划单列市以及住房和城乡建设部

---

① 《报告：2020 年全国城市生活垃圾清运量 2.35 亿吨，无害化处理率达 99.7%》，https://baijiahao.baidu.com/s？id=1714240028810946348&wfr=spider&for=pc，最后访问日期：2024 年 9 月 26 日。

等部门确定的第一批生活垃圾分类示范城市等 46 座城市均要先行实施生活垃圾强制分类。在此背景下，各地方政府积极行动起来。根据蒋建国等（2021）整理的中国部分典型城市发布的城市生活垃圾分类政策条例（见表 1-1），可以看到，自厦门 2017 年开始实施，广东、上海、北京、浙江等省市紧随其后，城市生活垃圾分类开展得如火如荼。

**表 1-1　城市生活垃圾分类政策条例（部分）**

| 地区 | 名称 | 时间 | 垃圾分类工作进展（截至 2020 年底） |
|---|---|---|---|
| 厦门 | 《厦门经济特区生活垃圾分类管理办法》 | 2017 年 8 月 25 日通过 2017 年 9 月 10 日施行 | 生活垃圾分类收集实现全覆盖，全市 3000 余个居住小区全部实现分类收集、分类运输和分类处理，小区覆盖率达 100% |
| 广州 | 《广州市生活垃圾分类管理条例》 | 2018 年 3 月 30 日批准 2018 年 7 月 1 日施行 | 构建"1+2+3+N"生活垃圾分类政策体系，深入推进教育、医疗、酒店、快递、物业等行业 12 项垃圾源头减量专项行动，生活垃圾回收利用率超过 38% |
| 上海 | 《上海市生活垃圾管理条例》 | 2019 年 1 月 31 日通过 2019 年 7 月 1 日施行 | 全程分类体系基本建成，干垃圾焚烧和湿垃圾资源化利用总能力显著提升，2020 年基本实现原生生活垃圾零填埋。垃圾分类实效趋于稳定，"四分类"垃圾实现可回收物回收量、有害垃圾分出量、湿垃圾分出量增长，干垃圾处置量减少 |
| 青岛 | 《青岛市生活垃圾分类管理办法》 | 2019 年 11 月 18 日通过 2020 年 1 月 6 日施行 | 市区全部居民小区（4534 个）及公共机构（2059 个）已实现生活垃圾分类设施全覆盖；分类收运基本覆盖市区，分类处理体系基本建立 |
| 北京 | 《北京市生活垃圾管理条例》 | 2019 年 11 月 27 日第一次修正 2020 年 5 月 1 日施行 | 北京市持续建立健全垃圾分类投放、收集、运输、处理体系，大力开展"桶""车""站""楼"全链条设施设备改造提升。厨余垃圾分出量稳步增加，其他垃圾减量明显 |
| 苏州 | 《苏州市生活垃圾分类管理条例》 | 2019 年 11 月 29 日批准 2020 年 6 月 1 日施行 | 全市共推进"三定一督"小区 4113 个，覆盖率达 87.4%。市级 19 家单位具有垃圾分类行业管理职能，均出台相关行业标准、措施并组织实施。坚持垃圾分类收运"四不同"（不同人员、不同车辆、不同要求、不同去向）原则，全面架牢垃圾分类前后衔接工作链 |

续表

| 地区 | 名称 | 时间 | 垃圾分类工作进展（截至 2020 年底） |
|---|---|---|---|
| 深圳 | 《深圳市生活垃圾分类管理条例》 | 2020 年 6 月 23 日批准 2020 年 9 月 1 日施行 | 全市 3823 个小区和 1716 个城中村实现了分类覆盖，实现"三增一减"，可回收物、厨余垃圾、有害垃圾的分类回收量实现不同幅度的增长，其他垃圾量下降 |

住房和城乡建设部 2020 年 12 月召开的新闻通气会表示，中国当前生活垃圾分类工作取得了阶段性进展，46 个重点城市生活垃圾分类覆盖 7700 多万个家庭，居民小区覆盖率为 86.6%，其他地级城市生活垃圾分类工作已全面启动。[①] 生活垃圾分类和资源化利用等现代技术从试点到推广、从城市向农村扩展，使"垃圾围城"问题得以缓解，生活垃圾减量化、资源化、无害化目标在某种程度上得以实现，但是生活垃圾不断增加、垃圾处理方式与技术的限制等因素，导致"垃圾围城"问题不会得到彻底解决，这也引起了学界的讨论与分析。

"垃圾围城"、垃圾污染与生活垃圾分类等环境治理议题，是技术科学、环境科学与社会科学等多学科交叉性研究范畴。针对城市生活垃圾处置困境与分类体系运作不畅、分类制度落地难、分类效果不明显等问题，环境社会学围绕垃圾（物）与主体（关系）两个核心议题，从垃圾问题产生的社会文化根源、生活垃圾分类治理困境与对策建议等方面展开研究。

## 一 "垃圾围城"及城市生活垃圾处置的相关研究

一是城市生活垃圾污染产生机制分析。现代城市生活垃圾问题是资本主义逐利本质的体现（奥康纳，2003）、生产－消费逻辑的必然后果（Schnaiberg et al.，2002），也跟科技发展下的资本主义和民主化（Moncrief，1970）以及城乡二元分割的社会经济结构相关。施耐博格的生产跑

---

① 《住建部：46 个重点城市生活垃圾分类已覆盖 7700 多万个家庭》，https://baijiahao.baidu.com/s? id=1685127313574642305&wfr=spider&for=pc，最后访问日期：2024 年 9 月 26 日。

步机理论指出现代社会垃圾生产-消费-废弃的资本逻辑。陈阿江、吴金芳（2016）认为垃圾既不是我们生态系统的组成部分，也不是我们社会系统的组成部分，其走向居民生活对立面，成为难以解决的社会问题。

二是城市生活垃圾分类的必然性。面对垃圾焚烧、填埋等现代"消灭"垃圾技术的弊端①，以及城市生活垃圾几何式增长的现实困境，实施生活垃圾分类治理是学界共识。欧美、日韩等发达国家和地区形成了完整的垃圾分类体系，我国城市生活垃圾治理走过了一条从无到有、从末端处理到源头分类控制和综合治理的道路（龚文娟，2020）。巴里·康芒纳（2002）提出垃圾通过分类处理可以循环利用，以达到经济效益与环境保护的双重目的。Sanneh 等（2011）指出发展中国家只有在非正规部门通过以社区为基础的组织、非政府组织和私营部门等的参与下，才能实现可持续的城市生活垃圾分类。

## 二 城市生活垃圾分类治理的困境研究

垃圾分类是解决垃圾污染问题的必要技术，其分类难题与治理困境也较为明显（王小红、张弘，2013；陈阿江、吴金芳，2016；薛立强，2019）。钱坤（2019）通过上海市垃圾分类综合治理工作实践分析，指出绿色账户模式、基层动员模式等以激励性措施为主导逻辑的垃圾分类治理模式存在垃圾分类法律法规体系不健全、政府垃圾分类治理动力不足、激励机制作用范围有限、居民垃圾分类的自觉意识不强等内生困境。

学者对垃圾分类难以推动的困境给出了居民参与缺位（陈绍军等，2015）、社会机制欠缺（王诗宗、徐畅，2020）、垃圾分类制度效能低下（薛立强，2019）、分类回收难以产业化（潘永刚，2016）等诸多解释。张劼颖、王晓毅（2018）指出，垃圾分类系统与生产、消费等经济系统的不匹配，缺乏有效的居民动员机制，消费主义的渗透，正式垃圾分类回收系统与非正式系统之间的融合等政治经济和社会文化原因，

---

① 日本学者山本节子（2015）对日本以焚烧方式消灭垃圾的垃圾处置方式与垃圾焚烧后就会减量的技术理念进行了批判。

才是垃圾分类难以推动的主要原因。

### 三　城市生活垃圾分类治理对策与模式创新

学界以垃圾分类试点城市的垃圾治理经验与实践为基础，从国内外经验借鉴、合作治理理论、环境治理能力与治理体系现代化等多个角度做了学理分析，提出诸多具体建议（杨方，2012；吴晓林、邓聪慧，2017；杜春林、黄涛珍，2019；屈群苹，2021）。谭爽（2019）认为政社合作构成了推进城市生活垃圾分类的有效路径。尚虎平、刘红梅（2020）认为，将全面绩效管理思维引入垃圾分类治理，有助于解决垃圾分类的低绩效问题。

综上，国内外相关研究为本书的模式分析、框架搭建、理论提升等奠定了基础，但是存在三点不足。一是城市生活垃圾分类研究的系统性不足。相关研究多采用量体裁衣的分析模式，缺少对城市生活垃圾分类实施、行动者关系建构、垃圾分类系统与资源化利用系统衔接等问题的整体性、过程性研究。二是相关研究更多从技术、管理等角度展开，缺乏社会视角。城市生活垃圾分类是个人问题，是技术和管理问题，更是社会文化和社会结构问题，不能缺少社会视角。三是对地方实践模式的经验分析与理论阐释不够深入。关于中国各地创新生活垃圾分类的地方模式及其理论、应用价值、推广复制等需要进一步挖掘。

## 第二节　个案介绍：为何选择 HG 回收？

HG 回收是浙江某生态环保有限公司的垃圾分类品牌与治理系统。该公司成立于 2015 年 7 月，现拥有专用生活垃圾分类回收车辆 200 辆，资源化分选总仓 3 万余平方米，构建了一条从居民家庭到垃圾总仓的"分类、收集、运输、处置"一体化的垃圾分类处理高速公路。[①] 该公

---

①　为匿名需要，隐去相关来源，下同。

司建立了集垃圾分类、收集、运输、分拣、回收、再利用于一体的闭环式全产业链,并已向浙江省相关区县等成功扩散,具有了30万户以上规模居民家庭的全产业链运营基础,成功运行服务站点近200个,日垃圾处理量达到300吨以上,资源化利用率达到95%,无害化率达到100%。该公司在其经营范围内,虽然推行城乡并举的垃圾分类业务,但是其业务开展主要在城市社区,其主要为城市居民服务。

需要着重指出,该公司依托杭州"无废城市"、数字化城市等市域优势及公司本身的互联网业务,打造了垃圾分类数字化治理平台。HG回收依托Y区政府数字化治理平台,自主打造的便民、高效、智慧型废旧物资回收平台,2015年11月正式上线,已运行5年有余。HG回收垃圾分类数字化治理平台主要由生活垃圾分类大数据平台、呼叫订单信息实时监控平台、物流实时监控平台、资源化数据平台、"环保金"兑换监管平台五大板块组成。HG回收依托垃圾分类数字化治理平台,构建生活垃圾全生命周期的智慧化监管网络,实现垃圾从源头产生环节、收集运输环节到末端处置环节的闭环管理,以提供生活垃圾减量化、资源化和无害化服务,建立前端收集一站式、循环利用一条链、智慧监管一张网的生活垃圾分类治理全链条体系。HG回收生活垃圾分类处理流程如图1-1所示。

垃圾分类智慧平台试图以三种方式对生活垃圾实施数字化分类治理。一是居民垃圾分类在线回收与数据监管。公司将其自有的小程序推广给居民使用,基于线上的便捷交互,使居民足不出户便能参与垃圾分类回收,并对居民回收可利用废弃物、有害垃圾存量及其获得公益金额度、"环保金"兑换等数据加以统计。二是公司在垃圾收运与处置环节的在线监管。借助线下物流系统与监控平台,对垃圾收运时间效度、每天的垃圾收运量、垃圾回收工作效率等加以实时监控与数据统计。三是对垃圾分类数量、可回收物存量、垃圾回收利用率等在不同时间节点,进行大数据分析和展示。

本书以浙江HG回收为典型个案,来分析城市生活垃圾分类治理模

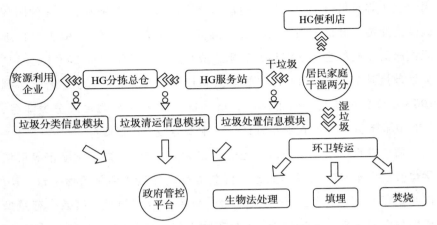

**图 1-1　HG 回收生活垃圾分类处理流程**

式及其效果，主要出于两方面的考虑。一是实际调研需要。项目负责人前期跟项目组成员一起对 HG 回收模式及其典型意义进行了初步调研，有了前期资料基础和关系基础，可以为后续调研和深入研究提供便利。二是 HG 回收模式特色与典型示范。城市生活垃圾处理是关乎民生的大问题，各地陆续开展了诸多实践，形成了诸多模式，但是实践效果不明显，实践模式不可持续，城市生活垃圾问题依然威胁着居民生活与城市社会安全。HG 回收所形成的市场驱动模式、家庭源头分类的外部力量介入、社区垃圾的双重抽离等特色做法，取得了良好的社会、经济、环境效益，具有相当可取的示范性。HG 回收的主要突出特点是市场机制在整体生活垃圾分类体系运行中的驱动作用，即市场机制、交换原则、市场主体等市场因素驱动生活垃圾分类系统整体运作与良性运行，政府、社会等力量的作用发挥，以及生活垃圾分类治理体系实践等。屈群苹（2021）在分析 HG 回收实践的研究中，把 HG 回收这种弱化前端而强化后端的生活垃圾分类治理的实践逻辑称为市场驱动型治理，即借助市场力量，通过前端简约、过程监管、后端产业化的方式，驱动整个垃圾分类过程。笔者用市场驱动型来整体概括 HG 回收生活垃圾分类模式而非简单的实践逻辑。

# 第三节 HG 回收形成的社会背景

HG 回收是在政府政策推动、居民环境意识觉醒、资源化利用产业化等的城市社会背景下孕育成长的，是自上而下推动与自下而上迎合双向互动的结果，亦是特定城市社会文化环境的产物。HG 回收在浙江地区形成与特定的城市环境相关，也与宏观的生态文明建设战略相关。

## 一 "两山"理念及其实践的政策推动

浙江既是"两山"理念（绿水青山就是金山银山）的发源地与最彻底的实践者，也是人居环境整治与生态文明建设的全国学习样板。"两山"理念生动形象地阐明经济发展与生态环境保护的关系，是一种维持人与自然和谐的现代化发展关系的指导思想，是实现生态、经济与社会效益兼顾的发展思想。浙江作为"绿水青山就是金山银山"的发源地，带动了浙江全省对生态环境保护与绿色生产生活方式的重视，为生活垃圾分类与资源化利用提供了思想源泉与理念动力。

浙江早在 2003 年在全国率先提出生态省建设发展目标，以发展特色生态经济为抓手推动生态文明建设战略创新，努力走出一条绿色引领、生态富民、美丽乡村的新路（卢宁，2016）。随着能源和产业结构不断优化，生态环境治理能力不断提升，以生态环境保护推动经济高质量发展的作用不断显现，把生态文明建设融入经济社会发展的全地域、全过程、全方位，成为浙江全省的共识。譬如，杭州市生态环境局余杭分局的一群年轻干部，成立了环保青年说宣讲团，深入余杭机关、企业、村社、学校，讲述余杭积极践行"绿水青山就是金山银山"理念的故事，把余杭生态环保的好声音、好故事传入千万百姓家，带动余杭市民生态文明理念不断深化。浙江不断深化实践"两山"理念，在演绎经济生态美丽蝶变的同时，也为 HG 回收的形成与发展助力。余杭打造了城乡生活垃圾分类从前端投放到中端归集和运输，再到终端处置的全链条。通过农村垃圾"可腐不可腐"分类、城市垃圾"干湿两分法"等，全区每天可将475吨垃圾资源化利用，实现了垃圾处理的"减负"。2019年，余杭常住人口增加了10万人，却实现全区生活垃圾清运总量较上年减少7.71%，连续11个月同比负增长。[①]

## 二　"无废城市"建设及杭州实践

2018年12月，国务院办公厅印发了《"无废城市"建设试点工作方案》（以下简称《方案》），《方案》中指出，"无废城市"是以创新、协调、绿色、开放、共享的新发展理念为引领，通过推动形成绿色发展方式和生活方式，持续推进固体废物源头减量和资源化利用，最大限度减少填埋量，将固体废物环境影响降至最低的城市发展模式。"无废城市"并不是没有固体废物产生，也不意味着固体废物能完全资源化利用，而是一种先进的城市管理理念，旨在最终实现整个城市固体废物产生量最小、资源化利用充分、处置安全的目标。从《方案》对"无废城市"的概念界定与解读看，"无废城市"建设是固体废物治理的重要导向与有力抓手，更是现代化城市可持续发展的方向。

浙江作为全国第一个以省政府名义部署开展全域"无废城市"建设的省份，2020年出台了《浙江省全域"无废城市"建设工作方案》，明确到2023年底，全省所有设区市和半数县（市、区）完成"无废城市"建设，基本实现产废无增长、资源无浪费、设施无缺口、监管无盲区、保障无缺位、固废无倾倒、废水无直排、废气无臭味。实施"无废城市"建设，加快建成全域"无废城市"，为城市生活垃圾分类和资源化利用提供了政策导向与发展目标。

杭州作为浙江省会城市，积极落实"无废城市"建设。杭州正在开展学校、医院、工厂、酒店、工地、乡村、景区、码头、快递驿站等

---

① 《余杭：绿水青山蝶变路，打造全域美丽大格局》，http://town.zjol.com.cn/czjsb/202008/t20200815_12223330.shtml，最后访问日期：2020年10月3日。

"无废城市"的"细胞"建设，目前正在推进建设731个"无废城市""细胞"项目，其中无废工厂第一批58家已上报省无废办申请验收（钟兆盈，2021）。杭州市明确所有区（县、市）都要于2021年底完成"无废城市"创建，实现全域"无废城市"建设目标。杭州全面梳理完善现有五大类固体废物管理处置制度和规范性文件，建立健全各类固体废物管理处置制度体系。杭州还出台服务小微产废企业十条举措，在全市推广相关先进经验，已建10个小微产废企业危废收运点，实现覆盖率、签约率和收运率3个100%。同时，杭州从工业固体废物、农业废弃物、生活垃圾、建筑垃圾、医疗废物等方面入手，打造五大品类固体废物全链条管理体系，推动固体废物减量化、资源化和无害化，形成生态循环、绿色低碳、科技创新、数字智慧、多方共治的"无废杭州"新模式。《杭州市全域"无废城市"建设工作方案》与"无废杭州"建设为推进生活垃圾分类处置体系建设提供了动力。HG回收既是"无废杭州"建设的直接派生物和政策受益者，也是推进"无废杭州"建设的助力者。

## 三　杭州数字城市建设

《中华人民共和国国民经济和社会发展第十四个五年规划和2035年远景目标纲要（草案）》提出，迎接数字时代，激活数据要素潜能，推进网络强国建设，加快建设数字经济、数字社会、数字政府，以数字化转型整体驱动生产方式、生活方式和治理方式变革。随着"十四五"规划和2035年远景目标纲要的贯彻实施，各地政府将智慧城市建设写入2021年首要发展任务，积极部署筹谋，正式翻开了"十四五"开局之年的智慧城市新篇章。

城市与技术的关系由来已久，城市化进程与科学技术的发展息息相关。伴随着数字化技术的发展，数字城市建设成为城市发展与城市管理服务的重要载体。一般而言，数字城市是指利用空间信息构筑虚拟平台，将自然资源、社会资源、基础设施、人文、经济等有关的城市信息，以数字形式获取并加载上去，从而为政府和社会各方面提供广泛的服务。许竹青、骆艾荣（2021）区分了三种数字城市，即作为实体城市信息投射的数字城市、作为实体城市机能强化的数字城市、作为实体城市环境延伸的数字城市。数字城市能实现对城市信息的综合分析和有效利用，通过先进的信息化手段支撑城市的规划、建设、运营、管理及应急，有效提升政府管理和服务水平，提高城市管理效率、节约资源，促进城市可持续发展。

杭州是全国互联网设施建设、数字化发展领头城市，自 2016 年起，杭州城市大脑目前已建成覆盖公共交通、城市管理、卫生健康等 11 个重点领域的 48 个应用场景和 168 个数字驾驶舱，日均协同数据 1.2 亿条。① 根据第八届国际智慧城市峰会上发布的《2019 城市数字发展指数报告》，得益于各家互联网企业，杭州是全国最早实现公交地铁扫码乘车的城市，在数字化上一直走在全国前列，名列全国数字化城市发展首位。借用当今的云计算数据处理系统来实现城市生活垃圾全过程智能化的控制，推动社会生活垃圾全过程管理系统的运作，从而达到城市生活垃圾管理的最优化（鲁黎等，2016）。杭州数字城市建设是 HG 回收建设的背景和科技动力，是打造生活垃圾分类数字化治理的直接科技创新。

## 四 基层政府的服务购买与设施配套

政府通过购买企业的社会服务增强生活垃圾分类和资源化利用能力，实现城市生产生活绿色转型，是城市政府社会管理与社会治理现代化的通用做法。杭州市余杭区政府制定出台《余杭区生活垃圾分类考核补助办法》《余杭区生活垃圾集中处理环境改善专项资金管理办法》等相关政策，2018 年余杭区政府购买 HG 回收生活垃圾分类业务的财政资金为 9120 万元。因前期投入大、回报周期长，以区县级以上部门为主体，与企业签订 5 年以上特许经营合同，服务费用由区县级以上部门统

---

① 《杭州：城市治理驶入"无人区"》，https://baijiahao.baidu.com/s？id=1678633110793106934&wfr=spider&for=pc，最后访问日期：2024 年 9 月 29 日。

一支付。在大件垃圾回收中还要按登记汇总的大件垃圾重量，由区县级部门统一向企业支付大件垃圾收运和处置费用。

与此同时，基层政府在企业用房用地、服务设施等方面给予大力支持，譬如，针对用房用地给予保障。按照每 2000~3000 户提供 1 个 70 平方米以上服务站用房，属地街道落实服务站的选址、公示及居民沟通，保障服务站无障碍落地；指定落实社区、物业公司和单位、公共区域等大件垃圾集置点。分拣总仓由企业自主租赁和建设，政府帮助企业协调总仓落地的有关手续。最后，协调住建局、城管局等要求物业公司确保物业公司员工及电动三轮车无障碍出入小区。关于物业公司员工入户及通行保障有以下要求。一方面，落实属地街道、社区和物业公司，在站点运营前 1 个月内，以开通的水电表数量为依据，确保 90% 以上住户垃圾袋及支架、宣传册发放到户，每户登记绑定 App、服务号，该内容是本项目运营的先决条件，须纳入各街道、社区、物业公司的垃圾分类工作考核；还要组织区（县、市）、街道、社区进行广泛的宣传和动员。另一方面，做好通行保障。做好物流清运车、电动三轮车登记和牌照发放工作，保障通行。

# 第四节 研究思路与进度安排

## 一 研究思路

本书以浙江 HG 回收作为典型案例，按照"背景分析—模式解读—问题发现—机制创新—治理启示"的研究思路，力图呈现城市生活垃圾分类地方创新模式的整体图景，为我国城市生活垃圾分类制度落地提供建议。首先，梳理我国城市生活垃圾分类的社会背景和政策演进；其次，结合 HG 回收的典型案例分析，总结其治理经验和治理逻辑，归纳治理短板与主要问题，提出创新机制与应对策略；最后，归纳 HG 回收的理论启示与应用价值。

## 二　进度安排

2021 年 5 月前：已经梳理国内外相关文献，形成文献综述报告；多次在济南、泰安、日照等地调研城市生活垃圾分类试点情况，并多次前往浙江杭州、金华、湖州等地调研 HG 回收、溪镇模式的实施情况。在前期调研的基础上，课题组通过多种形式交流和沟通，确定调研程序与时间，设计和完善访谈提纲。

2021 年 6～10 月：课题组成员再次前往浙江杭州余杭区、湖州安吉县、衢州柯城区等地，对 HG 回收的生活垃圾分类与废弃物资源化利用情况展开实地调研。

2021 年 11～12 月：对案例报告和调查结果做细致分析和对比研究；针对分析中有待细化的内容，做补充调查。

2022 年 1～6 月：补充调查和完善调研报告，创新城市生活垃圾分类理论和治理模式，并提出有针对性的对策建议。

## 三　研究方法

一是深度访谈。通过对政府分管负责人、城市管理主要负责人、所在街道社区相关负责人、公司负责人、公司员工及社区居民的深度访谈，掌握 HG 回收生活垃圾分类治理的利益相关者的想法与态度。

二是参与式观察。深入企业垃圾分类与资源回收利用的运营内部、居民家庭和相关业务会议现场，实地参观 HG 回收总仓以及智慧化管理平台的后台处理和数据分析，感知 HG 回收企业日常运作与垃圾分类治理过程。

三是文献分析。以媒体报道、统计年鉴、会议笔记、政府文件等为资料，结合田野调查资料和典型案例，深化和完善市场驱动型生活垃圾分类治理图景。

四是比较研究。以上海、南京、济南、青岛、泰安等典型城市生活垃圾分类模式与治理经验为参照，并加以比较分析。

# 第二章

# 城市生活垃圾分类市场驱动治理的经验

根据 2021 年 10 月网上公开数据，HG 回收目前有服务站 397 个，服务居民 66.1 万户。其中，Y 区有 146 个服务站点，服务 25.04 万户居民；LP 区已经覆盖 106 个服务站点，服务 1952 万户居民；AJ 县共计 34 个服务站点，服务 4.86 万户居民；Q 市共计 111 个服务站点，服务 16.67 万户居民。HG 回收在实践生活垃圾分类与资源化利用过程中，构建了完整的垃圾分类投放—收运—处置的体系化链条，形成了前端收集一站式+循环利用一条链+智慧监管一张网的垃圾处置模式与多方协同+全链治理+市场化运作的治理体系与实践经验。HG 回收在实现生活垃圾大分类与小分类精细化操作的同时，推进了生活垃圾分类减量化、资源化、无害化目标与生活垃圾经济、社会和环境三种效益的融合。

## 第一节　HG 回收的生活垃圾分类治理

HG 回收按照生活垃圾物质属性，将可回收垃圾与有害垃圾、大件垃圾与园林垃圾两大类别采取"两网融合"的方式分类收运和处置（见表 2-1）。

表 2-1　生活垃圾分类

| | | |
|---|---|---|
| 可回收垃圾 | 小件类 | 快递包装类 | 快递盒、塑料袋、泡沫、气泡垫、编织袋、泡沫棉 |

| 大类 | 中类 | 小类 | 内容 |
|---|---|---|---|
| 可回收垃圾 | 小件类 | 快递包装类 | 快递盒、塑料袋、泡沫、气泡垫、编织袋、泡沫棉 |
| | | 外卖包装类 | 塑料快餐盒、塑料袋、塑料杯、保温袋、吸管 |
| | | 包装物类 | 纸袋、牛奶盒、香烟盒、月饼盒、豆腐盒、食品包装袋、零食袋、茶叶罐、泡沫箱、保鲜袋、保鲜膜、米袋、首饰盒 |
| | | 玻璃类 | 酱油瓶、老酒瓶、醋瓶、玻璃杯碗、镜子、烟灰缸、水果盘、玻璃弹珠、白色瓷瓶、钢化玻璃、平板玻璃 |
| | | 灯具类 | 台灯、落地灯、吸顶灯、水晶灯、射灯、应急灯、LED 灯 |
| | | 塑料类 | 饮料瓶、脸盆、塑料凳、收纳箱、塑料筐、塑料衣架、塑料罐、头盔、安全帽、头梳、牙刷、垃圾桶 |
| | | 废纺织物类 | 衣服、围巾、帽子、丝绵被、枕头、床单、被套、内裤、内衣、抱枕、靠枕、裤子、袜子、鞋子、钱包、羽绒被 |
| | | 文具类 | 书包、铅笔盒、笔、尺、圆规、计算器、订书机、笔筒、美工刀、台灯、眼镜 |
| | | 玩具类 | 乐高积木、毛绒玩具、洋娃娃、平衡车、滑板车、玩具赛车、电子表、玩具刀枪、电子琴、无人机、溜冰鞋、扭扭车、魔方、拼图 |
| | | 金属类 | 高压锅、菜刀、铁勺、奶粉罐、铜、铁、铝、炒菜锅、热水瓶、易拉罐、雨伞、网线、电线、卷闸门、门锁、剪刀、手表、水龙头、保温杯、钥匙、莲蓬头 |
| | | 小家电类 | 吹风机、电热水壶、电风扇、电饭煲、家用烤箱、豆浆机、榨汁机、电动剃须刀、取暖器、路由器、遥控板、平板电脑、电插座、油烟机、煤气灶、燃气热水器、油汀、饮水机、小厨宝、电话机、功放、录像机、照相机、学习机、咖啡机、电火锅、手机、吊扇、吸尘器、扫地机器人 |
| | | 健身器材类 | 跑步机、动感单车、仰卧起坐器、臂力器、深蹲架、杠铃架、卧推架 |
| | | 车辆类 | 婴儿车、自行车、轮椅、摩托车、电瓶车、三轮车、学步车 |
| | 废纸类 | | 纸板箱、旧书、报纸 |
| | 电器类 | | 电视、空调、冰箱、电脑、洗衣机、一体机 |
| 有害垃圾 | | | 过期药物、药物胶囊、药片、药品内包装、充电电池、镉镍电池、铅酸电池、蓄电池、纽扣电池、电瓶、胶卷、杀虫剂罐、日光灯管、卤素灯泡、水银血压计、水银体温计、化妆品空瓶、指甲油瓶、粉底液瓶、精华霜瓶、消毒水瓶、打印机墨盒、硒鼓、电子元器件、充电宝 |

续表

| | | |
|---|---|---|
| 大件垃圾 | 门类 | 实木门、防盗门、塑钢门 |
| | 窗类 | 木窗、纱窗、塑钢窗、窗帘 |
| | 桌子类 | 书桌、西餐桌、方桌、圆桌、茶几、会议桌、办公桌 |
| | 椅子类 | 办公椅、吧台椅、按摩椅、餐椅、折叠椅、躺椅 |
| | 凳子类 | 长凳、方凳、圆凳、板凳 |
| | 柜子类 | 书柜、鞋柜、电视柜、床头柜、酒柜、收纳柜、衣柜 |
| | 床类 | 婴儿床、单人床、双人床、高低床、气垫床、水床、席梦思、棕垫、海绵床垫 |
| | 沙发类 | 单人沙发、双人沙发、三人沙发、转角沙发、懒人沙发、办公沙发 |
| | 其他类 | 木地板、木箱、竹木制品、钢琴、麻将机、保险箱、哑铃、杠铃、健身器材配重块 |
| 园林垃圾 | 树枝、树干、树桩 | |

资料来源：根据 HG 回收网站信息与访谈资料总结。

## 一　可回收垃圾、有害垃圾的分类治理

HG 回收以生活垃圾分为可回收物、有害垃圾、易腐垃圾、其他垃圾的分类标准为基础，针对可回收物、有害垃圾，建设前端收集一站式、循环利用一条链、智慧监管一张网的再生资源和有害垃圾协同回收体系，形成环卫清运体系与资源化利用体系协同运营的"两网融合"模式，通过前端收集、中端清运、末端处置以及智慧监管四大系统进行垃圾的回收及利用，可回收物的资源化利用率达到95%以上，无害化率达到100%（见表2-2）。

表2-2　环卫清运体系与资源化利用体系"两网融合"模式

| 序号 | 垃圾类别 | 体系类别 | 末端去向 |
|---|---|---|---|
| 1 | 易腐垃圾 | 环卫清运体系 | 生物法处置设施 |
| 2 | 其他垃圾 | | 垃圾电厂、填埋场 |
| 3 | 可回收物 | 资源化利用体系 | 合法再生资源利用企业 |
| 4 | 有害垃圾 | | 危废处置单位 |

资料来源：根据 HG 回收网站信息与调研资料自行编制。

（一）前端收集系统

在前端收集的过程中，HG 回收主要采用四种灵活、方便、协同的方式收集生活垃圾，实现居民生活垃圾全收集。

1. 撤桶入户

可回收物、有害垃圾协同收集。为使居民养成在家里做好垃圾分类的习惯，将小区内的可回收垃圾桶和有害垃圾桶"撤桶入户"，居民小区内只需要放置易腐垃圾和其他垃圾 2 个桶。HG 回收向每户居民发放可回收物支架和专用垃圾袋，将所有可回收物（纸张、玻璃、金属、塑料、纺织物、小电器等）应收尽收，居民投放至垃圾袋中的可回收物，由回收人员上门称重回收，按重量给予居民"环保金"。回收人员统一着装、统一服务标准，负责上门回收和服务站管理。回收人员上门收集可回收物时，有害垃圾由居民投入专用垃圾袋，与可回收物协同收集、带走。

2. HG 服务站

生活垃圾暂存处。服务站是可回收物、有害垃圾暂存点，每 2000～3000 户居民配置 1 个，服务站统一标识装修，面积在 70 平方米以上。

3. 灵活多样的垃圾收集方式

可回收物（协同有害垃圾）由居民通过 HG App、公众号等方式来呼叫 HG 上门进行回收。

4. 便利店进行垃圾-商品兑换

居民回收获得"环保金"后，可以到 HG 便利店兑换商品。便利店的选择以居民兑换方便、品类齐全、口碑好为原则，公司择优与小区的零售店合作，每个服务站配置 1 个便利店。

（二）中端清运系统

中端清运过程中，存放于服务站的可回收物、有害垃圾，由公司的智慧监管系统负责调度，由专用物流车辆每天清运至总仓，确保日产日清。

（三）末端处置系统

末端处置系统主要由三个处置设备与体系构成。

**1. 设置总仓用房提供场地**

每个区（县、市）设置 1 个 8000～12000 平方米的分拣总仓，数量和面积根据当地的实际规模确定，由企业自主租赁。

**2. 建立入库重量审核系统**

建立全体系重量审核系统，物流清运的垃圾在收集、服务站出站、入库各个环节设置扫码系统和地磅称量系统，每个站点、每个品类的重量信息实时上传至 HG 大数据平台。在各类垃圾进入 HG 分拣总仓前，由仓库的自动核重系统对每辆车的清运量进行复核，确保与出站重量一致。

**3. 秉承资源化和无害化原则**

运输至 HG 分拣总仓的可回收物，通过自动化的分类生产线精细分类，作为再生原料供给有资质的再生企业资源化利用。根据公司在相关区（县、市）10 万吨/年的实际运作经验，可回收物的资源化利用率达到 95% 以上。分拣总仓少量剩余残渣和有害垃圾分别送入垃圾焚烧电厂和危废处置单位进行无害化处置，无害化率达到 100%。

**（四）智慧监管系统**

通过构建生活垃圾分类大数据平台、呼叫订单信息实时监控平台、物流实时监控平台、资源化数据平台、"环保金"兑换监管平台五大板块的智慧化管理平台，HG 回收实现了垃圾分类投放、分类收集、分类运输、分类处置全过程透明化与数字化管理。

**1. 生活垃圾分类大数据平台**

生活垃圾分类大数据平台实时监控所覆盖区域回收的整体情况，对回收信息、用户参与、覆盖范围等情况进行全面而直观的展示，以日、月、年为时间维度，细致记录回收详情。信息内容包括：①覆盖户数及站点信息；②居民回收实名制信息；③年、月、日回收量统计信息；④覆盖小区回收量排名；⑤回收品类占比；⑥每日"环保金"发放及兑换情况。

**2. 呼叫订单信息实时监控平台**

平台提供居民呼叫和回收情况的实时、精准、直观查看，实时展示居民呼叫来源，以及每笔订单回收重量信息。平台实时监管在岗回收人员的动态，包括姓名、所属服务站以及当日回收总量。信息内容包括：①居民姓名、所属小区及门牌号；②单笔订单的回收重量；③在岗员工的姓名、所属服务站、位置；④当日实时回收总量。

3. 物流实时监控平台

该平台可监控所有服务站的垃圾实时库存，垃圾总量超过 500 千克时，系统自动指派物流车到达相应服务站，确保"日产日清"。结合智能调度系统和 GPS 定位系统，实现运输车辆载荷、路线的在线监管。信息内容包括：①各站点实时库存；②清运车辆实时轨迹、载荷、车牌号、司机。

4. "环保金"兑换监管平台

"环保金"兑换监管平台对"环保金"的发放、兑换等信息进行实时采集，明确每笔"环保金"的去向。信息内容包括：①便利店数量、位置；②当日便利店销售情况；③当日"环保金"兑换情况；④当日用户消费情况；⑤居民倾向消费品类；⑥年度销售额、"环保金"统计信息。

5. 资源化数据平台

平台建立生活垃圾资源化利用企业清单，实时记录再生资源的去向，及各组分资源化利用情况。信息内容包括：①末端企业管理清单；②再生资源实时去向；③资源化利用组分及数量；④资源化利用年度统计信息。

## 二　大件垃圾、园林垃圾的分类治理过程

1. 垃圾收运环节

由街道、社区、物业公司、单位指定大件垃圾集置点，由社区、物业公司或单位呼叫 HG 回收，到指定集置点进行清运。其收运的品类主要包括大件垃圾、园林垃圾、装修废材类等。

2. 收运监管环节

由区县级部门总协调，每个镇街由政府建设 1 个大件垃圾核重地磅

站，并由镇街委派 1 名监管员进行管理。生活垃圾回收人员从集置点收运大件垃圾至地磅站进行称量，重量由各镇街进行登记监管。为便于监管，公司为区县级部门及各镇街提供一套大件垃圾在线监管系统。

　　3. 末端处置环节

　　前端收集的大件垃圾，每日清运至总仓，进行拆解、破碎和分选处理。大件垃圾经过自主研发的大件垃圾破碎和分选生产线，将分离出的木屑、纺织物、金属分别进行资源化利用，针对大件垃圾和园林垃圾，其他企业的处置方式是破碎减容，然后进行焚烧或填埋处理，没有达到末端处置减量目的，而 HG 回收的处置方式是末端减量化和资源化的废物利用，资源化利用率达到 95% 以上。少量剩余残渣送入垃圾焚烧电厂进行无害化处置，无害化率达到 100%。

# 第二节　HG 回收的生活垃圾分类治理经验

　　HG 回收形成了以 "多方协同+全链治理+市场化运作" 的治理体系与 "一站+一链+一网" 的治理模式为特色的治理经验。

## 一　治理体系：多方协同+全链治理+市场化运作

　　多方协同+全链治理+市场化运作治理体系下的垃圾革命解决方案，以资源回收利用为重点，多种方法、互相配合、共同处理的综合处理模式，有效实现了生活垃圾减量化、资源化、无害化。同时，通过引入社会资本，强化对资源回收利用企业的政策支撑和财政扶持，可以有效减轻政府的治理负担，降低治理成本，实现政府职能的归位。通过制定产业政策，规范垃圾处理市场秩序，将政府、企业、居民都纳入垃圾分类回收治理体系中，实现垃圾分类回收的可持续性，实现了社会效益、经济效益和环境效益的有机统一。

　　（一）多方协同体系

　　HG 回收以打造政府主导、市场主体、社会协同的社会治理共同体为理念，重塑垃圾治理领域的效能政府、有效市场、有机社会。

首先，厘清了主体职责。通过发挥政府主导作用，做好政策、资金和基础配套设施保障，构建覆盖垃圾治理各主体、全链条的协调管理和监督机制。发挥市场主体优势，创新"互联网+"垃圾分类模式，积极参与垃圾分类收运和资源化利用的全过程。发挥社会协同作用，营造全社会共同参与的良好氛围，同时，引导民众参与垃圾治理全过程，切实当好垃圾分类的实践者、倡导者和监督者。

其次，畅通了沟通对话渠道。在 HG 回收的市场驱动模式下，政府通过定期召开垃圾分类工作例会，邀请相关企业共同研究垃圾治理对策，听取企业诉求，帮助协调解决问题。同时，用好接待日、请你来协商、区长信箱、电视问政等平台和载体，充分听取相关企业、专家小组、公益组织和居民等各方意见，提升各方参与度，共同推动垃圾治理工作。

再次，创新了社会动员机制。该模式坚持共建共治共享理念，推动党的"神经末梢"和社会治理的"基础单元"深度融合，将党员带头、监督检查、宣传教育贯穿垃圾治理工作的始终，引导居民养成主动践行垃圾分类的习惯。

最后，完善了执法监督机制。该模式下的政府持续提升基层治理制度化水平，建立健全监督和奖惩机制，以制度化促进垃圾治理规范化。

（二）全链治理过程

HG 回收聚焦源头、投放、收运、处置各环节基础配套设施和机制建设，构建了生活垃圾处理全生命周期的智慧化监管网络，实现了垃圾从源头产生、分类投放、收集运输到末端处置的全链治理闭环，提升了垃圾治理的精细化水平。

首先，围绕全民参与，构建长效化源头减量机制。破解分类难题、提高居民参与度和投放准确率的关键在于增强居民的源头分类意识。面对以往群众参与积极性不高、分类效果不明显的现实问题，YH 区以"最多跑一次"的改革理念优化垃圾分类投放方式，使分类操作更加简易化、便利化。

其次，围绕全域覆盖，构建精准化投放收运机制。YH 区按照"可源头追溯、有巡检督导、重习惯养成"原则，结合区域特点，因地制宜探索垃圾分类收运新路径。然后，围绕全类回收，构建规范化末端处置机制。YH 区着力构建以资源化利用为核心的末端处置体系，完善末端资源化利用方式，强化生活垃圾末端分拣分选和再生利用，提高末端处置"减量化、资源化、无害化"的实现率。

最后，围绕全程管控，构建智慧化监管机制。生活垃圾在投放、收集、运输和处置的不同环节存在多个参与主体，涉及管理部门达十多个，给生活垃圾分类情况的监管和执法带来了诸多难题。对此，YH 区依托垃圾分类数字管理平台，构建生活垃圾全生命周期的智慧化监管网络，实现垃圾从源头产生环节、收集运输环节到末端处置环节的闭环管理。

（三）市场化运作

借助 HG 回收系统，YH 区政府构建以政府为主导、企业为实施主体的垃圾分类、收集、运输和处置体系，通过政府购买服务、引入国企参与等多种形式，将原先条块分割的生活垃圾收集、分类、储运、处理、再生、产品经营等环节一体化，推动形成产业化运营体系，实现垃圾分类回收的可持续性。

首先，引培新型商业运营模式。打破政府统揽公共事务治理理念，引入各类再生资源型企业参与城市生活垃圾处置，实现生活垃圾资源化，建立资源循环利用产业链，培育打造垃圾治理商业模式。

其次，出台产业扶持政策。加强再生资源回收体系建设，对再生资源回收网点、分拣中心、网络平台的建设运营给予最高 500 万元的补助。鼓励企业开展生活类低价值物回收，对废玻璃、废塑料、废纺织物、废家具等大件垃圾托底回收的企业，按实际回收量给予补助，最高可达到 500 万元。

最后，建立企业监管机制。建立区内再生资源回收企业末端处置企业名录，构建末端再生利用产业群，对塑料、玻璃、纺织品、纸张、金属、生物质、电器、危废处理等 40 余家企业进行清单目录制管理。同时，通过比照各类垃圾回收量和资源化处置量压实责任，城管、商务、环保等部门每半年定期前往末端处置企业复核垃圾去向，实现垃圾末端分选处置和再生利用的规范化管理。

## 二 治理模式：一站+一链+一网

### （一）前端收集一站式

该模式以 2000~3000 户城镇居民为单位，建设 1 个服务站，利用一个站点、一套人马、一个体系实现可回收物和有害垃圾的协同收集。为使居民养成在家里做好垃圾分类的习惯，向每户居民发放可回收物支架和专用回收袋，将所有可回收物（纸张、玻璃、金属、塑料、纺织物、电器及各类低价值物）应收尽收，以全品类协同收集，避免多个体系的重复投入。居民通过 App、公众号等呼叫回收人员上门回收，回收人员按重量给予居民"环保金"，居民利用"环保金"到 HG 便利店或 HG 商城兑换商品。有害垃圾由居民投入专用垃圾袋，与可回收物协同收集。

### （二）循环利用一条链

HG 回收建立了一套完整的"收集、运输、分拣、利用"的再生资源循环利用体系。运输至总仓的各类垃圾，最终分为 9 个大类 40 多个小类，包括废纸、废塑料、废金属、废家具、废玻璃、废纺织物、废旧电器等，精细分类后的垃圾作为再生原料，供给有资质的再生企业资源化利用。目前，回收垃圾的资源化利用率达到 95% 以上。分拣后少量剩余残渣和有害垃圾分别送入垃圾焚烧电厂和危废处置单位进行无害化处置，无害化率达到 100%。

### （三）智慧监管一张网

在 YH 区城管局的指导下，HG 回收通过构建垃圾分类大数据平台，实现垃圾分类投放、分类收集、分类运输、分类处置全过程透明化，通过实时在线的数据监控垃圾的溯源信息、收运信息、处置利用信息，对回收人员、运输车辆实时轨迹进行跟踪，对服务质量和效果提供在线监管。依托大数据平台，YH区城管局牵头制定考核监管办法，将财政拨付与公司垃圾减量成效直接挂钩。

# 第三节　HG回收的生活垃圾分类治理成效评估

HG回收以资源回收利用为重点，依托零填埋、零废弃的基本要求，借助线上线下有效融合、数字技术赋能、多元主体合作等治理机制，实现了生活垃圾减量化、资源化、无害化治理目标。HG回收对城市生活垃圾的有效治理，实现了垃圾分类回收的可持续性，提升了基层政府治理能力，满足了社会治理诉求，减轻了经济负担，体现了社会效益、经济效益和环境效益的有机统一，实现了城市人居环境优化、基层社会治理与资源回收利用等目标。根据该公司2019年年报，HG回收生活垃圾减量共计9.2万吨，资源化率达到95%以上，无害化率达到100%。减少垃圾焚烧飞灰4600吨，减少垃圾焚烧炉渣18400吨，收集处置有害垃圾103.62吨。HG回收以政府购买服务为基础，在为民众提供优质、便捷服务的同时，不断增加企业经济和社会责任，为政府贡献了税收，并提供了1000余个就业岗位，减少了政府对垃圾分类基础设施的投入。

## 一　生态-经济-社会三位一体的生活垃圾分类治理评价体系

城市生活垃圾分类治理是一个多层次、多主体、多目标融合的综合体系。政府主导、企业主体、社会参与、技术支持是其治理结构；减量化、资源化、无害化（三化）以及分类投放、分类收运、分类利用、分类处置（四分）是生活垃圾分类治理体系和现代垃圾处理技术的运作逻辑。通过城市生活垃圾分类治理的"三化四分"的技术设置与治理体系，实现生态效益、经济效益、社会效益三位一体是垃圾分类治理效能的根本体现与目标指向（见表 2-3）。

表 2-3　生活垃圾分类治理效益评价体系与指标（简约）

| 三个维度 | 细化指标 |
| --- | --- |
| 生态效益 | 垃圾减量化、垃圾资源化、垃圾无害化等 |
| 经济效益 | 公共服务支出减少、垃圾治理成本降低、垃圾转变为资源等 |
| 社会效益 | 就业岗位、环境保护意识、居民幸福感等 |

　　生态效益是指人类遵循生态平衡规律进行活动，反过来自然反哺人类生产和生活环境，即一种人与自然和谐相处所产生的对人类的有益影响和有利后果。人们的生活和生产活动会导致生态环境发生各种改变，这些改变会对人们的生产生活及社会的可持续发展产生连锁反应。生态效益就是人们在使用环境资源的过程中，环境的各种功能给人们带来的效益。具体到生活垃圾分类的生态效益，就是实现垃圾减量化、垃圾资源化与垃圾无害化，实现垃圾污染的最小化或"零废弃、零污染"。生活垃圾对土壤、水的污染与传染病传播等公共卫生问题，影响了人类的生活秩序和生产环境，给人们带来了诸多社会困扰，降低了人们生活的幸福感。尤其是城市的生活空间有限，生活垃圾总量不断增加，使城市生态环境受到生活垃圾的影响更为严重。生态效益是检验城市生活垃圾分类治理成效的首要标准。以生态效益标准考察生活垃圾分类治理模式，需要对以减量化、资源化、无害化为目标的生活垃圾处置情况与处理能力进行量化考核与比较分析，以标识其恢复或均衡自然环境功能给城市发展带来的影响。HG 回收垃圾治理模式通过垃圾的回收及资源化利用本身便可以起到保护环境、推进城市可持续发展的作用。

　　经济效益是指劳动付出（成本）与成果（收益）之间的比例，也就是说，当我们用更少的人力、物力、财力能达成相同甚至更多的效果时，经济效益就较高，反之则较低。垃圾问题是生态问题，但是生态问题如何得以解决是一个经济和社会的问题。垃圾分类治理需要大量的资金投入，才能保证前期垃圾回收、知识宣传，中期垃圾分类与清运，后期终端的处理之间的顺利运转，因此经济效益也是垃圾分类治理实践的重要指标。从企业角度讲，一个企业经济效益的提高，能够带动上游供应商及下游客户分销商等整个供应链的经济发展，从而推动整个社会的发展。从社会角度讲，一个大环境的状态对企业的经济效益有着深远的影响。HG 回收的垃圾治理过程，带动了政府、市场、社会、居民等多元化主体的参与及合作，带动了从居民环保意识的觉醒、垃圾回收行动的践行，到企业垃圾回收及运输机制的建立、末端资源化利用及处理技术的发展等整个供应链的经济发展，进而产生了以生活垃圾治理为核心的上下游经济发展。

另外，便利店位置设置、覆盖社区范围、垃圾回收人员的负责范围、商品兑换规则等均有科学合理的规定，不同流程之间既相互区别又紧密联系，最优化的资源配置避免了资源的浪费，进而提升劳动效率，实现利益最大化。

经济一直是社会学家关注的重要领域之一。韦伯认为现代社会是一个理性化的社会，但同时也是一个分化的社会，经济领域正是其中之一，它运转的逻辑与整体社会分化出的其他领域（比如政治领域、学术领域、伦理领域等）是不同的，它们之间无法相互评判。而帕森斯（2012）从 AGIL 社会系统理论（其中每个字母所代表的就是各个领域，A-经济，G-政治，I-共同体，L-文化）出发，指出现代社会实际上就是这四个领域中的经济领域逐渐脱离并独立的一个过程，也就是资本主义社会形成的一个过程。吉登斯（2011）也认为资本主义是现代社会的一个重要特征。许多社会学家将经济因素归结为现代社会的主要特征，因此通过经济因素能够更好地理解现代社会。

现代社会的核心特征是经济，其表现为大工厂生产方式的盛行、消费主义的生活方式等，物质世界极大丰富，但同时也带来了对生态环境的破坏，比如工厂大生产导致的雾霾、全球变暖，以及消费主义带来的垃圾堆山现象。人们对生态环境过度开发与破坏，使生态环境不再仅仅作为人类行动的背景，而开始反作用于人类社会，并且经济生产往往是以生态环境为基础的，因此生态的失衡也通过自反性的方式阻碍现代社会的经济再生产。比如贝克（2003）提出的风险社会，正是对生态问题带来的社会风险分配逻辑转变的社会形态的理论归纳。

社会效益是指在有限的资源条件下，能够最大限度地满足人们日益增长的美好生活需求。垃圾分类治理实践在产生生态效益和经济效益的同时，也产生了各种社会效益，如恢复当地社区秩序、提升居民就业率、提高居民幸福感、促进社会公平等。从企业社会效益的视角来看，需要衡量 HG 回收垃圾治理系统这一商业活动给城市社会带来的影响。HG 回收的社会贡献额应是在去除政府补贴等协助成本的前提下，为社会减少的垃圾污染及居民生活质量、生态环保意识的改变。该公司积极承担企业责任，践行国家生态环保理念，并助力国家碳达峰碳中和目标的行动，其履行社会义务，将生活垃圾变为社会资源的行为则是对社会的贡献。HG 回收垃圾治理与回收利用的过程正是不断通过技术创新、资源置换及链条协调等手段促使生活垃圾进一步资源化再生，通过末端处理变成居民生活所需资源，满足居民生活需要。由于人的行动自由只能在必要的公共利益范围内才得以限制，并且往往在一段比较长的时间后才能发挥作用，因此 HG 回收通过利用便利店进行"环保金"兑换的形式，促使居民垃圾回收置换成生活所需商品，在倒逼居民环保意识觉醒的同时，实现短期内的垃圾处理方式的转变。

垃圾分类已是城市环境治理中的关键环节。垃圾分类关乎大气污染和城市空间拮据等一系列社会问题。当前垃圾处理通常采用可回收垃圾、厨余垃圾、有毒有害垃圾和其他垃圾四种分类方式，但即便政府大力宣传，居民参与度仍较低，相关政策执行效果不尽如人意。垃圾前端不分类，末端只能延续传统的焚烧和填埋手段，与减量化和资源化的初衷背道而驰。HG 回收作为社会企业参与社会治理，既有效地破解了居民参与难的问题，同时又依靠现代化技术与合理分工，在中末端进行精细化分类与科学化处置，有效地实现了前端分类、中端清运与投放以及末端专业化处置的协同运转，并达成了垃圾治理的"减量化、资源化、无害化"的治理效果与目标。同时相较于传统的政府主导的垃圾治理模式，HG 回收作为政府的民生经纪人通过市场化驱动，降低了治理的成本，减轻了政府的财政支出压力，提高了治理的经济效益。与此同时，该公司在运作过程中也带来了一些良好的社会效益，孕育了一些社会力量，为实现多元共治的垃圾治理愿景提供了可能。HG 回收模式作为垃圾回收领域新近出现的企业案例，驱动了社会治理创新机制，需要从生态效益、经济效益以及社会效益三个方面对其进行评估与阐释（苗青、赵一星，2020）。

## 二　生态的拯救：生活垃圾处理的减量化、资源化与无害化

传统的生活垃圾处理模式的效果不佳，很大程度上是因为仅仅做了宣传层面的分类工作与形式化的分类形态，分类后的垃圾在末端却无法实现科学有效的分类处置，这不仅无益于垃圾的无害化处理，同时还会严重影响居民的分类动力与前端分类系统的运行。HG 回收模式的关键在于厘清了前端垃圾分类回收与末端科学处理的系统性匹配关系，有效地实现了垃圾分类的减量化、资源化与无害化治理目标。

前端生活垃圾的有效分类是垃圾分类治理的前提与基础，而非治理本身。传统的垃圾分类模式本末倒置，错把垃圾分类当作了垃圾治理。即使我们前端的垃圾分类做得再怎么科学和精细，这些垃圾到了中末端又重新混在了一起进行焚烧或填埋处理，那么前端的垃圾分类的努力也就白费了。垃圾治理的目标在于减量化、资源化和无害化，而这些目标主要是在末端完成，因此分类回收来的生活垃圾如何处理，交给谁来处理才是垃圾治理效果达成的关键。HG 回收厘清了前端和末端的关系，认为垃圾治理的原则是末端决定前端，并将绝大部分精力和投入放到了看不见的末端。末端决定前端，绝不能本末倒置，因为垃圾无论怎么分类最终都面临一个去哪儿了的问题，试想前端的垃圾分类十分精细，而到了末端垃圾又重新堆在一起直接焚烧，那么垃圾分类的意义何在？中端

的分类运输意义何在？如果无须分类运输，那么前端的分类意义又何在？实际上垃圾分类只是治理的开端，将生活垃圾按照科学的标准分为不同类别后，如何处理这些不同种类的垃圾才是真正的治理核心和要害，对待不同类型的垃圾要采取相应的处理方式，而不是一烧了之的无差别式处理。

HG 回收模式在确保前端垃圾有效分类投放的基础上，将大量资金与设施投入中端清运和末端处置中去。为了保证生活垃圾的前端回收、中端运输、末端处理之间的有效衔接，避免各个环节之间的脱节，HG 回收通过智慧化管理平台，实现垃圾分类投放、分类收集、分类运输、分类处置全过程透明化。在中端清运过程中，存放于服务站的可回收物、有害垃圾，由公司的智慧物流监管系统负责调度，由专用物流车辆每天清运至总仓，确保日产日清。在末端处置过程中，公司在每个区（县、市）设置 1 个 8000～12000 平方米的分拣总仓，数量和面积根据当地的实际规模确定，由企业自主租赁。公司建立了完整的入库重量审核体系，物流清运的垃圾在收集、服务站出站、入库各个环节设置扫码系统和地磅称量系统，每个站点、每个品类的重量信息实时上传至大数据平台。在各类垃圾进入分拣总仓前，由仓库的自动核重系统对每辆车的清运量进行复核，确保与出站重量一致，最终送入有资质的下游企业，作为原料进行再生利用，实现对垃圾的减量化、资源化、无害化处理。根据该公司在相关区（县、市）10 万吨/年的实际运作经验，可回收物的资源化利用率达到 95% 以上。分拣总仓少量剩余残渣和有害垃圾分别送入垃圾焚烧电厂和危废处置单位进行无害化处置，无害化率达到100%，避免了新建焚烧厂带来的土地资源浪费、邻避效应、周边经济成本问题，实现了垃圾最大限度再生利用，避免了焚烧、填埋的资源浪费和环境风险，改善了市容市貌和生态环境。

## 三　节省成本：治理成本的降低与政府财政压力的减轻

### （一）政府购买服务的财政支出

长期以来，我国一直把垃圾处理作为社会公共事业，政府部门为实施主体，全面承担了城市生活垃圾处理设施的投资、建设、运行和管理。从实际效果来看，投入产出严重失衡，经济效益较低，同时治理的生态效益和社会效益也不显著。因此，在社会分工日益精细化趋势下，社会问题的复杂性和异质性也越来越高，为了更好地应对当下产生的复杂多样的社会问题，政府通过项目发包机制与服务购买的方式，将市场和社会组织吸纳进社会治理框架，市场和社会组织的专业性可以更好地应对流变的社会现象，共同推进政府-市场-社会三者之间的协调共治。政府积极转变角色，构建以政府为主导、企业为主体的市场化运作机制，HG 回收作为市场主体通过项目制与当地政府形成委托-代理关系，政府不再亲自指导城市生活垃圾分类治理，而是将其委托给该公司，由其具体实施垃圾分类治理的实践过程。公司通过项目发包机制成为垃圾治理的实践主体，减少了政府垃圾治理的财政支出。例如，2019 年 HG 回收在垃圾分类治理的过程中，通过对生活垃圾的回收、清运、焚烧以及飞灰处理和异地补偿等处置，共处理 2.6 万吨生活垃圾，合计每年节约直接处置费用 984.36 万元，在大幅提高生活垃圾资源化、无害化的同时，也大大减轻了政府财政支出的压力，发挥了市场参与社会治理的双重优势。

（二）治理成本的降低

HG 回收系统通过自建现代仓储管理体系、物流管理体系和末端再生利用产业群（自有企业和合作企业组成完整的产业链），实现生活垃圾末端分选处置和再生利用的规范化管理。同时，通过商业化运作，拓宽了低价值物品资源化利用渠道，找到可回收垃圾出路。据相关企业测算，若政府按照以往传统模式，对 20 万户居民产生的干垃圾进行处置，具体包括 5.4 万吨小件垃圾的清运、焚烧、飞灰处置及异地补偿金约需要 2044 万元，3.6 万吨大件垃圾清运处置费需 3960 万元，垃圾袋发放费 949 万元，349 个小区垃圾分类宣传费 105 万元，667 个垃圾分类专管员工资约 2000 万元，预计将花费 9058 万元。而实际上，2018 年补助给 HG 回收（该年度覆盖范围为 20 万户）的资金基本相当于政府按照传统治理模式产生的费用（见表 2-4）。HG 回收在为民众提供优质、便捷服务的同时，实现了企业营利的目的，为政府贡献了税收，提供了 1000 余个就业岗位，减少了政府对垃圾分类基础设施的投入。

**表 2-4　生活垃圾传统处置和 HG 回收处置资金测算对比（按 20 万户测算）**

| 序号 | 项目 | | 价格明细 | 回收数据 | 传统处置所需费用（万元） | HG 回收所需费用 |
|---|---|---|---|---|---|---|
| 1 | 小件垃圾 | 清运费 | 175 元/吨 | 5.4 万吨 | 945 | 全年政府购买服务资金约需要 9120 万元〔1.25 元/（户·日）〕，其中，支付给居民的环保金约 4000 万元（0.8 元/公斤） |
| | | 焚烧费 | 113 元/吨 | | 610 | |
| | | 飞灰处置 | 15.62 元/吨 | | 84 | |
| | | 异地补偿金 | 75 元/吨 | | 405 | |
| 2 | 大件垃圾清运处置费 | | 1100 元/吨 | 3.6 万吨 | 3960 | |
| 3 | 垃圾袋发放费 | | 0.13 元/（户·天） | 20 万户 | 949 | |
| 4 | 垃圾分类宣传费 | | 3000 元/（小区·年） | 349 个小区 | 105 | |
| 5 | 垃圾分类专管员工资 | | 2500 元/（小区·月） | 667 个 | 2000 | |
| 6 | 以上小计 | | | | 9058 | |

资料来源：根据 HG 回收网站信息与调研资料自行编制。

## 四　社会的觉醒：垃圾治理中居民弱参与难题的化解

目前，全国垃圾分类治理存在的普遍困境是难以调动居民参与的积极性。虽然目前生活垃圾分类宣传教育很多，但是宣传的广度和深度都不足，且宣传的方式较为单一，大多数居民停留在知道有垃圾分类的知识接收层面，但不知道垃圾分类的具体措施，更缺少实施垃圾分类的能力与意愿。因此生活垃圾分类还仅仅停留在观念层面，难以真正进入居民的日常生活。同时还有很多市民认为垃圾分类工作是不完全合理的（前端分类回收，中末端混合处理），故而垃圾分类的积极性不高。HG 回收模式通过对可回收物的一站式收集和"环保金"制度的实施，有效地提高了城市居民的环保参与度，增强了其环保意识。

（一）前端收集一站式：降低前端分类的复杂性

为解决生活便利性需求与垃圾分类知识复杂性之间的矛盾（屈群苹，2021），HG 回收首创垃圾分类干湿两分法，将居民家里的生活垃圾分为较易区分的干湿两类，居民将所有的可回收物装入专用回收袋，通过手机 App、微信、回收热线等方式提交回收订单，也可以将回收袋放在家门口，等待回收人员定时上门称重、扫码、回收，更换新的回收袋。HG 回收通过在家分类的操作便利化来促进居民分类习惯的养成，有效满足了居民对生活便利性的需求。

（二）你环保，我请客：个人获利与公共治理的兼得

居民参与垃圾分类是内外因素共同作用的结果。因此，垃圾分类外在因素的引导与居民内在意愿之间的有效衔接能否达成是影响垃圾分类绩效的关键所在（孙其昂等，2014）。HG 回收模式通过发放"环保金"既激励了人们在生活中主动进行垃圾分类，又增加了垃圾分类的趣味性，真正地使垃圾分类走进居民的日常生活。对于生活世界日益市场化的市民来说，公共参与和个人利益之间的割裂不断扩大，为了增强居民参与垃圾分类的意识，提高其积极性，HG 回收模式创新性地提出了发放"环保金"的措施作为连接公众参与和个人利益之间的桥梁，即工作人员根据可回收垃圾的重量给予居民"环保金"，人们可以使用"环保金"在便利店兑换商品，便利店的选择以居民兑换方便、品类齐全、口碑好为原则，公司择优与小区零售店合作，每个服务站配置一个便利店。通过垃圾换物资的资源交换机制，既提高了居民环保参与的积极性，又在一定程度上满足了居民的生活需求，使垃圾分类进入个人生活，从而自然而然地增强了居民的环保意识。

# 第三章

# 城市生活垃圾分类市场驱动治理的
# 困境与破解

在国家治理体系和治理能力现代化进程中，加强和创新基层治理成为应对新问题新情况、化解矛盾冲突与提升治理效能的重要路径。基层治理主要是指在地方党委的领导下，以政府为主导，通过发挥社会各方力量和作用，向居民提供民生保障、公共服务、利益协调、矛盾化解、平安创建等治理内容的行为过程。基层治理创新必然面临如何协调国家与社会关系、如何充分调动群众参与积极性等难题。HG 回收作为城市生活垃圾分类的有效系统与基层社区治理的创新模式，也面临同样的实践难题需要破解。

## 第一节　HG 回收的实践困境

尽管 HG 回收在生活垃圾处置方面已积累不少经验，但是在具体的项目运行中也遇到一些困境，突出表现在以下方面：在垃圾分类末端，居民的环保意识弱以及非理性消费造成家庭生活垃圾减量难的困境；垃圾分类过程中资金的可持续性问题；政府与市场的侵蚀，造成垃圾分类过程中多元主体参与的去社会化风险，唯数字、唯技术下考核评估困境等。

## 一　减量难：环保消费非适度

垃圾分类能否成功，其关键之处在于过程的前端和末端，前端即社区居民的分类意愿，末端即对垃圾减量的控制。有研究表明，经济发展水平与生活垃圾产生量呈现显著正相关，说明随着收入的提高，居民对物质享受的追求不断增加，导致城市生活垃圾产生量剧增（兰梓睿，2021），且随着城市化率的提高，生活垃圾产生量也呈长期增长态势（谭灵芝、孙奎立，2019）。

一方面，垃圾分类是一个前、中、末端互相嵌入的过程。前端的垃圾分类状况如何是末端垃圾处理的基础，也是提高垃圾综合处理效益的关键（屈群苹，2021），而作为前端关键主体之一的社区居民的环保意识以及参与意识弱化是不容忽视的问题。垃圾分类过程前端即宏观环境下，垃圾分类的准备阶段，具体包括社区内不同类型垃圾桶的购买放置与分类处理，以及制度背景下，政府政策法规的颁布及实施等。HG 回收采取了物质激励与企业代替的分类动员，在引导民众参与垃圾治理全过程，落实前端分类主体责任，提升垃圾分类意识和分类能力等方面取得了良性成效。然而，垃圾分类作为居民生活方式的一部分，却不能很好地与整体生活相融合，换句话说，垃圾分类是居民日常生活方式之外附加的一项工作，具有排外性、绝对独立性。由于多数社会群体对环境质量改善和废弃物资源化利用实际受益感受不深，对垃圾填埋造成的土地与环境压力感受不深，认为环境治理是政府或集体责任（杜欢政、宁自军，2020），因此即使社区居民掌握了基本的垃圾分类知识和能力，其对于更宏观的环保意识的内化与提升也存在缺失现象。

另一方面，与环保意识弱相伴随的是过度消费导致居民家庭生活垃圾无法减量。后现代消费社会中，人的心理和行为方式有了显著的变化（王岳川，2002）。在娱乐发展型消费主导的消费结构下，城市生活垃圾产生量不断增加，当城市化率达到一定水平时，生活垃圾产生量将随着城市化的扩大而减少（兰梓睿，2020）。这种消费从满足日常生活的基本需求逐渐演化为一种身份、地位、自我认同的象征符号，构建起现代社会的消费文化，反过来又刺激着产品的大量生产与消费，垃圾也由此成为现代社会生活的一种顽疾，严重影响到人类自身的生存环境（杨筑慧，2020）。这种非理性消费文化与环保意识的弱化，给处理前端、末端关系造成困境，因此引导居民适度消费，增强居民内在环保意识对垃圾分类的最终成效至关重要。

## 二 持续难：资金保障不可或缺

干净的代价是昂贵的，垃圾分类治理离不开资金等要素的支撑和金融资源的注入（伊庆山，2019）。作为政府、市场、社会多元主体参与的垃圾分类运动，其维持不仅要有多元主体的在位，资金亦是关乎成效的必不可少的要素，可持续性的资金保障会产生良好的效益，会促进整个过程的良性循环。社会企业参与社会治理的一大竞争力在于其创新的商业模式，但是其社会治理成本高昂，即使拥有创新的商业模式，没有足够的资金支持也举步维艰（苗青、赵一星，2020）。HG 回收作为一种社会企业模式，在前期过程中投入、运行成本不可小觑，建设必要的垃圾焚烧厂、垃圾填埋场等所涉及的项目投资成本，后期过程中的维护成本、环保成本等，亦是复杂多样且不可估量的。

垃圾分类过程的末端对于资金的需求更加显而易见。具体而言，一是填埋设施的治理和封场、清运设施的升级更新、垃圾高效资源化利用处理终端的建设等意味着更大的资金投入；二是在生活垃圾处理总量不变的前提下，以现有的环境标准为基础，全面升级改造生活垃圾处理设施，并且加强监管以确保执行效果，实际上是系统性地提高对技术、监管的要求。在这一情境下，资金需求则将进一步增加。

另外，资金保障下的土地与人力保障亦不可或缺。习近平总书记在中央财经领导小组第十四次会议上强调，"普遍推行垃圾分类制度，关系 13 亿多人生活环境改善，关系垃圾能不能减量化、资源化、无害化处理"。① 垃圾分类制度的普遍推行与宣传需要大量人力资源（如志愿者等）与土地资源，网络宣传具有虚拟性等特点。深入社区，在面对面的互动交往中推行垃圾分类制度、传播垃圾分类意识与知识仍然是颇有成效的方式之一。在此过程中，人力资源的保障与支持显得尤为重要。推行垃圾分类制度，建设必要的各类垃圾焚烧厂等，也需要一定的土地资源。因此，如何实现垃圾分类的持续性与资金投入来源的多元化，依然考验着城市生活垃圾分类实践与制度落地。

## 三　合作难：参与主体的去社会化风险

环境治理需多方参与，各尽其责，最终实现政社协同的高效局面。然而，随着垃圾分类由倡导性政策向强制性政策转变，政府成为推行这一政策的绝对主力。在政府主导垃圾分类模式下，现有制度设计未充分考虑社会力量参与垃圾分类的重要作用，导致垃圾分类工作缺乏社会基础，社会主体参与垃圾分类动力不足、积极性不高，难以形成长效机制。此外，在垃圾分类方面，政府往往采取见效快的治理方式，政府超负荷地承担着城市生活垃圾分类工作，不仅缺乏对市场主体参与垃圾分类的支持，还忽视了对社会主体参与垃圾分类的培育，导致市场与居民主体角色失位（杜春林、黄涛珍，2019）。更重要的是，行政主导的动员思路对社会主体参与产生了挤出效应，在一定程度上，造成了去社会化的风险，不利于居民自觉分类习惯的养成，阻碍了社会组织的主动参与（郭施宏、陆健，2020）。

另外，虽然垃圾分类治理困境仍突出表现为"政府热、村民冷"与参与主体被动化等，但作为垃圾分类主体的居民个体，其从经济理性向生态理性转变也需要经历一个长时段意识培养与行为实践的过程（杜欢政、宁自军，2020）。当日常需要（在一定程度上）成为欲望时，欲望遇到物品，就会去占有这些物品。因此，生活垃圾分类是生活化、社

---

① 《中央财经领导小组第十四次会议召开》，https://www.gov.cn/xinwen/2016-12/21/content_5151201.htm，最后访问日期：2024 年 9 月 29 日。

会化议题，生活与社会具有实用性与边界模糊的特征，其行为更具备偶然性。正如社会学家所说，集体行动不是自然现象，而是一种社会建构，是行动者利用自己特有的资源和能力创立、发明并加以确定的偶然现象（克罗齐耶、费埃德伯格，2017）。因此，正式规则的执行者、实践者和非正式规则的制定者社区居民以及顺应社会机制而产生的社会组织是推行垃圾分类制度的重要主体。而在实践中，HG 回收模式的运行，需要面对政府与市场的关系困境，社会组织参与渠道、居民垃圾分类的环保意识、社区动员的互助理念等社会元素，依然受政府与企业主导结构的制约。综上，在推行垃圾分类的过程中，单凭政府一己之力，很难完全奏效。在垃圾分类投放、收集、运输、处理的过程中，应改变过去政府大包大揽和单打独斗的管理模式，充分调动多元主体履行职责，推动社会力量与社会企业的参与（董飞等，2021）。

## 四　评估难：考核评价的数字化迷思

由于垃圾分类政策、措施或项目的实施具有阶段性，实施过程中各方面的情况不是静止不变的，出现一些偏差也在所难免，因此对于垃圾分类开发工作的绩效考评及相应的操作层面的随时纠偏直接关系到垃圾分类以及绿色中国目标的实现，其现实意义就显得尤为重要（李延，2016）。

垃圾分类数字化治理提升垃圾分类治理效能，但环境服务考核机制、环保压力下压机制、分类指标数量化等可能会导致唯数字、唯技术等治理困境。一方面，信息技术革命拉开了数字化时代的序幕，使人们开始了数字化生活。一般而言，数字化是指将客观事物（信息、信号）抽象、转变为一系列二进制代码，形成比特（数字 0 和 1），并对其进行加工、存储、处理、表现、展示和传播的过程。在数字化城市建设进程中，尽管发展出整体化、网络化、精细化等数字化赋能理念，但仍缺乏对于数字治理的想象力和创新力，以致形成了只重数字分析而不重需求预测、只重理念践行而忽视理念创新的形式数字治理（沈费伟、叶温馨，2020）。此外，在基层数字治理实践中，过分推崇传统的工具理性价值观往往会忽视人的主体价值（黄建伟、陈玲玲，2019）。社区居民是制度执行的主体，制度执行的效果取决于行政主体对政策的认知度。而唯数字、唯技术、简单地以技术指标为导向的服务考核机制，容易忽视人文精神，造成"小马拉大车"的局面。

另一方面，表层化是数字化的显著特征。在垃圾分类过程中，HG回收模式以数据为中心，最终要把所有的指标全部量化出来，以实现垃圾分类的数字化治理。该模式所得出的量化信息仅仅停留在社会现象的表层，而社区居民的主体价值，其对这一项目的评价与反馈等，无法有效地作为该项目的评估参考，造成了社区居民作为行动主体，在监督、考核机制上缺失的局面。且人工智能技术兴起，其所依据的算法程序，本质上是人运用技术的结果，如果不建立相应的制度加以约束和监管，容易产生算法歧视等新一轮的治理困境。因此，在垃圾分类全过程中，更新评估机制，建构能与人文精神融合、以数字赋能为抓手、以垃圾治理为核心的考核监管机制是至关重要的。

## 第二节 HG 回收实践困境的破解

进一步完善城市生活垃圾处理体系，有效破解垃圾分类居民参与率低、投放准确率低、回收利用率低等难题，就是要查找问题，补齐短板，主要举措包括完善城市生活垃圾处理体系、拓宽垃圾分类多元化资金来源渠道、动员社会力量参与、重构以垃圾治理为核心的考核机制等四个方面。构建政府、公众、市场、专业机构、媒体和非营利组织等多元主体参与的治理体系，是破解我国城市生活垃圾治理困境的必由之路（龚文娟等，2022）。

### 一 完善城市生活垃圾处理体系

（一）增强居民环保意识

垃圾分类是在消费主义盛行情况下采取的应对环境问题的基本策

略，目的是使垃圾减量和变废为宝，达到资源再利用的目的。从该角度而言，垃圾分类是对自我消费观念的审视和一种新日常生活方式的培养，理性、有节制地消费，形成自我约束习惯，增强环境友好意识，才能从根本上抵御物的诱惑与欲望，从而减少或避免垃圾所带来的诸多问题，提升资源的再利用率，实现人类社会的可持续发展（杨筑慧，2020）。从现实出发，居民垃圾分类能力弱与分类意愿不强是城市居民生活垃圾分类的主要难点。调动居民垃圾分类积极性，增强居民垃圾分类意识，既制约城市生活垃圾分类系统的良性运转，也是达成垃圾分类减量化与资源化的关键。实现垃圾分类，要通过宣传教育、邻里互助、典型示范、参观学习等机制，让生活节约、理性消费、循环使用等环保理念深入人心，从而激发居民内在环保意识与分类意愿。

垃圾分类问题不仅是环境问题，而且是资源和经济问题，更是社会问题。要解决这样一个系统性问题，需要在政府的指导下，企业、社会组织、社会公众共同参与（杜春林、黄涛珍，2019）。因此，以全民参与为核心，破解分类难题、提高居民参与率和投放准确率的关键在于强化居民的源头分类意识和习惯。面对以往居民参与积极性不高、分类效果不明显的现实问题，YH区以"最多跑一次"的改革理念优化垃圾分类投放方式，使分类操作更加简易化、便利化，但是也需要进一步优化和提升。譬如要简约化生活垃圾分类知识，推动生活垃圾分类科学知识融入日常生活；以服务居民为目的，搭建数字化助推生活垃圾分类平台与场景；也可以通过宣传引导、引领示范、积分兑换等激励与教育措施增强社区居民的环保意识，提升居民垃圾分类能力。垃圾分类治理工作并非一蹴而就的，需要依靠相关法律法规和道德的内外约束和引导，经长时间不间断的训练、强化和社会化的影响，最后内化为居民内心的行为准则和道德操守（伊庆山，2019）。

（二）构建精准化投放收运机制

面对城市生活垃圾分类居民参与积极性不高、垃圾分类效果不明显的现实问题，不仅需要调动居民参与积极性，还需要构建精准化投放收运机制，实现垃圾分类的全域覆盖。HG 回收按照可源头追溯、有巡检督导、重习惯养成的原则，结合区域特点，因地制宜探索垃圾分类收运新路径。

1. 在城市居住小区，推广"上门回收+溯源巡检"模式

针对可回收垃圾、其他垃圾和有害垃圾，可以依托 HG 上门回收并进行二次分拣和资源化利用。针对易腐垃圾，可以依托 YH 区居民生活垃圾分类评价平台系统，辅以二维码发袋机实现源头可溯，并配备督导员队伍开展每天巡检抽查，巡检情况实时纳入信用平台，对分类不达标的居民户上门入户精准提醒。

2. 在农村居住区，创新"企业参与+环卫保洁"模式

大力推进以区属某国有企业为主导，"宣、分、运、处"一条龙和环境保洁一体化的运作模式。对可回收垃圾和有害垃圾，配备回收车每半月定时定点上门回收；对易腐垃圾专线清运、就地处置，产出的有机肥用于土壤改良，形成循环经济闭环。同时，将垃圾分类情况与环卫保洁力量相匹配，减少保洁员配备，降低政府治理成本。

3. 在城郊结合部，实行"出租房旅馆式+星级化管理"模式

针对城郊结合部外来人口多、管理难度大的特点，依托四个平台建立星级评定和督导考核机制，将垃圾分类情况纳入"出租房旅馆式+星级化管理"体系，将承租户垃圾分类情况与出租房准入挂钩。

（三）构建规范化末端处置机制

实现生活垃圾减量和资源化利用，是各垃圾分类试点城市一直在探索的目标与现实困扰。HG 回收着力构建以资源化利用为核心的末端处置体系，完善垃圾末端资源化利用方式，强化生活垃圾末端分拣分选和再生利用，提高末端处置减量化、资源化、无害化的实现率。

1. 围绕减量化，易腐垃圾处置不出镇街

按照分散布点建设、就地集中处置相结合的方式，在有条件的机关单位、住宅小区、学校医院、农贸市场等餐厨垃圾大户内，布点一镇多

点建设规划，推进以设备化为主、黑水虻养殖和阳光房堆肥为辅的易腐垃圾就地处置点建设，实现易腐垃圾的就地资源化处置。

**2. 围绕资源化，加强再生利用分拣回收**

坚持简单的事公众做、复杂的事专业企业做，在居民简单两分的基础上，建立垃圾分选处置和分拣回收链条，由企业将垃圾细化分拣为9大类40余个小类，提高垃圾资源化利用率。同时，强化资源再生利用的规模效应，拓宽低价值物品资源化利用渠道，对废玻璃、废泡沫等难以直接资源化利用的垃圾进行处置后形成再生原料。

**3. 围绕无害化，完善有害垃圾收集体系**

针对传统生活垃圾分类体系下有害垃圾分类收集的短板，专门建立针对有害废物转移联单、规范运输、合法处置的监管体系，由专门人员细化分拣，并运输至专业危废企业进行规范、安全、合法处置，有效避免二次污染。

## 二　拓宽垃圾分类多元化资金来源渠道

现代政府管理理论认为，政府是公共利益的代表，内在具有公共性的典型特征。因此出现了单一财政来源、资金供应不足的困境。鉴于垃圾分类治理尚处于试点阶段，在保证政府一定资金投入的基础上，还要通过逐步扩大废弃物回收企业利润空间，推行垃圾分类收费、设立社区环保公益金与环保绿色收益银行等，增容垃圾分类资金空间，以实现多元化的资金来源。

**（一）引培新型商业运营模式**

破除政府统揽公共事务治理理念，引入各类再生资源型企业参与城市生活垃圾处置，实现生活垃圾资源化，建立资源循环利用产业链，培育打造垃圾治理商业模式。HG回收可以通过自建现代仓储管理体系、物流管理体系和末端再生利用产业群（自有企业和合作企业组成完整的产业链），实现生活垃圾末端分选处置和再生利用的规范化管理。同时，通过商业化运作，拓宽低价值物品资源化利用渠道，找到可回收垃圾的出路。

（二）出台产业扶持政策

企业是垃圾治理的主体。在垃圾治理的过程中，企业扮演民生经纪人的角色，利用互联网平台，创新垃圾治理模式，提升资源整合能力，建构多方参与环境治理的渠道。因此，一个有良好商业模式的企业是垃圾治理服务的主要提供者，能够为生活废弃物找到资源优化出路，从而解决垃圾分类收效甚微的问题。因而，相关产业扶持政策的出台是非常必要的。

具体而言，要放宽对环境友好型、资源节约型企业的市场准入限制，开展"区域环评+环境标准"改革试点，对已完成区域环评及审查的平台，其审批项目目录清单外的可降低一个等级管理。加强再生资源回收体系建设，对再生资源回收网点、分拣中心、网络平台的建设运营给予相应的补助。鼓励企业开展生活类低价值物回收，对废玻璃、废塑料、废纺织物以及废家具等大件垃圾托底回收的企业，按实际回收量给予补助，最高可达到 500 万元。培育扶持行业龙头骨干企业，制定专项补助考核办法，根据企业履约和减量成效两项内容对企业进行补助，持续推动再生资源行业的良性发展。

（三）建立企业监管机制

针对市场自发性、盲目性、滞后性弊端，建立科学的企业监管机制是实现垃圾分类的必要步骤。HG 回收与政府合作建立区内再生资源回收企业末端处置企业名录，构建末端再生利用产业群，对塑料、玻璃、纺织品、纸张、金属、生物质、电器、危废处理等 40 余家企业进行清单目录制管理。同时，通过比照各类垃圾回收量和资源化处置量压实责任，城管、商务、环保等部门每半年定期前往末端处置企业复核垃圾去向，实现垃圾末端分选处置和再生利用的规范化管理。

## 三　动员社会力量参与

公众的社会责任并不是与生俱来的，良好的社会意识也不是一朝一夕就能够养成的。从日本垃圾处理中社会公众参与的经验来看，垃圾分类制度及垃圾减量化生活模式是在社会大众参与中建立起来的，是一种典型的自下而上的制度建构（刘庆健，2018）。因此激发社会力量，确保多元主体充分参与垃圾分类过程，既要借助社区网格长、居民积极分子、社区社会组织、居委会、业委会等社区力量，社区情感、集体意识、邻里关系等社区文化机制，也要动员社会企业、社会组织、环保机构等社会力量。

（一）构建高效协同机制

政府主导城市生活垃圾分类并不是事无巨细地参与垃圾分类的各个环节，而是制定相应的规则，通过制度规范培育支持市场和社会主体、激励和强制居民参与垃圾分类的各个环节，提高垃圾分类的推进效率。进而以打造政府主导、市场主体、社会协同的社会治理共同体为理念，重塑垃圾治理领域的效能政府、有效市场与有机社会。

1. 厘清主体职责

发挥政府主导作用，理顺工作推进机制，做好政策、资金和基础配套设施保障，建立垃圾产业市场化运行机制，构建覆盖垃圾治理各主体、全链条的协调管理和监督机制。发挥市场主体优势，创新"互联网+"垃圾分类模式，积极参与垃圾分类收运和资源化利用的全过程，打造全流程产业链，构建完备的市场化运营体系，实现垃圾治理的产业化、现代化和可持续化。发挥社会协同作用，营造全社会共同参与的良好氛围，同时，引导民众参与垃圾治理全过程，落实前端分类主体责任，增强垃圾分类意识和分类能力，切实当好垃圾分类的实践者、倡导者和监督者。

2. 畅通沟通对话渠道

构建政府、企业、社会组织、居民间的沟通合作机制，畅通参与渠道，定期召开垃圾分类工作例会，邀请相关企业共同研究垃圾治理对策，听取企业诉求，帮助协调解决问题。同时，用好接待日、请你来协商、区长信箱、电视问政等平台和载体，充分听取相关企业、专家小组、公益组织和居民等各方意见，提升各方参与度，共同推动垃圾治理工作。

3. 构建利益激励和倒逼机制

发挥财政资金的杠杆和引导调节作用，制定出台"生活垃圾分类考核补助办法""生活垃圾集中处理环境改善专项资金管理办法"等补助政策，建立以生活垃圾控量和易腐垃圾分出量为重要指标的补助机制，激励企业创新治理模式，提升治理效率，提高垃圾分类减量治理成效。深化实施生活垃圾强制分类制度，严格执行相关法律责任条款，对个人生活垃圾混装、错投等行为加大执法力度，提升执法刚性，倒逼民众形成垃圾分类意识。

（二）创新社会动员机制

坚持共建共治共享理念，推动党的"神经末梢"和社会治理的"基础单元"深度融合，将党员带头、监督检查、宣传教育贯穿垃圾治理工作的始终，引导居民养成主动践行垃圾分类的习惯。

1. 发挥党员干部的示范引领作用

将垃圾分类中的党员"双报到"和"三服务"① 纳入党建工作内容，持续激发党员干部工作活力；在居住区推进党员户亮身份，晾晒党员干部垃圾分类情况，接受群众监督；组建垃圾分类党员巡检队伍和宣传队伍，发动党员担任辅助桶长，通过包区巡检、包户宣传等方式，带动垃圾分类成为新时尚。

2. 发挥基层组织自治合力

推广"党建引领+民主协商"议事机制，将垃圾分类列为民主协商议事会、网格议事小组会的重要议题；推广实施垃圾分类楼道长和垃圾分类结对家庭等宣传模式，由各小区物业公司组织物业管理员、分类督导员、小区志愿者、党员等中坚力量上门逐户宣传；建立"社工+志愿

---

① "双报到"要求市县机关、企事业单位党组织到所在地社区报到，实行共驻共建；在职党员到居住地社区报到，组织党员开展志愿服务。"三服务"要求党委书记为基层组织服务、基层组织为普通党员和群众服务、普通党员为群众服务。

者"的联合监督模式，每天对居民投放的垃圾开展巡检抽查，对镇街、村社、小区、户四级生活垃圾分类进行评比。

3. 发挥基础教育引导作用

坚持教育先行，突出抓好学校教育这个关键环节，持续开展垃圾分类进课堂活动，通过将垃圾分类知识纳入教学内容、开展垃圾分类教学等方式，让孩子从小树立垃圾分类的意识，养成良好的垃圾分类和勤俭节约习惯，达到教育一个孩子，影响一个家庭，带动整个社会的目的。

## 四 重构以垃圾治理为核心的考核机制

数字治理与评估是建立在技术高度智能化基础之上的，当代技术的变革引发了人们对伦理价值失衡、伦理行为异化、伦理道德失范的担忧，人有可能成为机器的奴隶，这成为数字社会形态下社会治理不可回避的挑战（杜春林、黄涛珍，2019）。面对唯数字、唯技术的治理考核机制带来的负面现象，重新构建以垃圾治理为核心的评估机制是非常迫切的。良性的考核评估对项目运行起着正向激励作用，适度、合理利用数字、技术，可以助推生活垃圾分类模式创新，推动基于数字的治理转型和构建以垃圾治理为核心的考核机制。例如，构建多主体的考核模式，以生活垃圾投放与收运减量化为考核标准，发挥居民与社区组织的主体性与创造性等。

### （一）完善执法监督机制

日本垃圾处理成功的原因之一是构建了完备的法律体系，并严格执法（钟锦文、钟昕，2020）。在我国传统社会中，如风俗习惯、道德规范、组织准则等社会规范是社会控制的重要手段，能调节个体的社会行为并维护社会秩序。而现代社会逐渐转变为陌生人社会，个体之间的异质性程度较高，信守不同道德准则、契约和法律成为维系陌生人社会秩序的权威力量（王泗通，2019）。在当代垃圾分类政策执行过程中，需要持续提升基层治理制度化水平，建立健全监督和奖惩机制，以制度化促进垃圾治理规范化。

**1. 建立常态督查制度**

以问题为导向，补短板促提升，组建区级现场检查组，每天对机关事业单位、居住区、公共场所开展监督检查，做到问题即查即改。同时，针对各镇街控量、正确率和红黑榜小区等各项工作情况，进行每周简报通报、每半月媒体通报、每月晾晒通报。

**2. 建立绩效考核制度**

建立生活垃圾分类的四级考核体系，深入细化各部门、镇街以及针对社区、物业企业的考核办法，量化考核指标，将考核结果作为经费划拨的重要依据。强化政府内部压力传导机制，根据垃圾控量指标完成情况和现场检查结果，每半月对生活垃圾分类情况打分、排名，并进行公示。联动物业服务质量评价机制，将物业企业垃圾分类情况全面挂钩星级评定，直接影响物业企业区内招投标资格。

**3. 建立长效执法制度**

持续开展垃圾分类专项执法行动，对违反生活垃圾分类管理规定行为进行查处。同时，严厉打击偷倒垃圾案件。此外，定期抽查再生资源和分拣中心的再生资源去向、车辆分类运输情况等，严厉打击各种违规行为，依法查处企业在回收、分拣和处置过程中出现的二次污染问题，确保垃圾分类市场管理有序、健康发展。

**（二）构建智慧化监管机制**

制定和推行城市生活垃圾分类制度，以完善的刚性法律制度约束促进柔性习惯和社会心理的养成，无疑是达到城市生活垃圾分类长效治理的根本举措。主动选择并非社会科学对环境行为解释的唯一视角，从外在社会结构出发，环境行为也可以解释为一种被动选择，被动的存在是由独立于有主动性的人并对人有制约的外部整体环境所决定的，即法律和制度等（董飞等，2021）。生活垃圾在投放、收集、运输和处置的不同环节存在多个参与主体，涉及管理部门达十多个，给生活垃圾分类情况的监管和执法带来了诸多难题。对此，可依托垃圾分类数字管理平台，构建生活垃圾全生命周期的智慧化监管机制，实现垃圾从源头产生环节、收集运输环节到末端处置环节的闭环管理。

第一，在前端建立分类评价系统。自主研发建立居民生活垃圾分类投放信用评价平台，向居民发放二维码垃圾袋，配套落实定时定点投放、小区楼层撤桶、每日扫码巡检等制度，对机关工作人员、党员实行与先锋指数、评先评优等考核挂钩。每户垃圾分类情况经巡查后形成后台大数据，以短信方式反馈至户主，根据数据分析跟进二次上门宣讲、警示教育等，培养居民垃圾分类习惯。

第二，在中端建立在线监控系统。建立智慧环卫监管平台，依托物联网和移动互联网技术，对垃圾运输过程中的作业车辆进行全过程实时管理，实现运输车辆车载视频和清洁站、转运站等设施视频监控的联网，在线监控运输车辆状态、垃圾收运量、设施环境质量，用数字化手段覆盖垃圾中端运输中的管理盲区。

在末端建立信息化数据管理系统。通过在易腐垃圾处置站点配备数字地磅、视频监控等设施，严格监管易腐垃圾进场数量、处置数量和利用去向。同时，对各处置站点的数据进行实时监测，一旦出现异常情况，系统将会及时产生预警。

# 第四章

# 城市生活垃圾分类市场驱动治理的运行逻辑

HG 回收作为市场驱动的生活垃圾处理系统，既遵从市场供求的基本准则，也在坚持生活垃圾处理公共属性与个体属性中，积极实践法治德治自治智治相结合的综合治理。HG 回收形成了多元参与的生活垃圾治理共同体、"三轮驱动"的生活垃圾治理机制、"三个融合"的生活垃圾治理路径以及数字化技术重构生活垃圾治理过程的城市生活垃圾分类市场驱动治理的运行逻辑。

## 第一节　多元参与的生活垃圾治理共同体

YH 区以打造政府主导、市场主体、社会协同的生活垃圾治理共同体为理念，重塑垃圾治理领域的效能政府、有效市场、有机社会。以政府主导、企业主体、社会组织和公众共同参与的合作结构为治理路径，积极推进政府购买社会服务，动员社区居民和社会力量参与。

### 一　发挥政府主导作用

政府部门需要理顺工作推进机制，做好政策、资金和基础配套设施保障，建立垃圾处理产业市场化运行机制，构建覆盖垃圾治理各主体、全链条的协调管理和监督机制。

## 二 发挥市场主体优势

市场主体是经济社会发展的重要力量。自党的十八大以来，国家在培育市场主体、创造良好营商环境方面取得了一系列的伟大成就，为企业发挥市场主体的优势与作用提供了保障。

有些垃圾是放错位置的资源，但是利用好这些资源、最大限度减轻对环境的破坏不是一件容易的事。国内生活垃圾分类经历 20 多年的持续推行仍然阻力重重的现状也印证了这一点。尽管很难，但是这项工作必须继续做下去。推行垃圾分类制度本质上是推进社会治理方式的转变，需要全社会各主体共同承担责任、履行义务。在这个过程中，政府要发挥主导作用，同时也要推动和引导全社会共同参与垃圾分类工作。

从生活垃圾治理产业来看，垃圾分类是一个系统工程，涉及分类收集、垃圾分拣、分类利用和处置等多个方面，需要各个环节的有机衔接和相互配合，任何一个环节的缺失或不当都会导致整个系统的失败。而居民作为产生垃圾的源头，如果看不到分类的好处，也看不到不分类的坏处，仅仅靠鼓励、倡导和宣传很难说服其去将垃圾分类。

HG 回收形成了社会企业参与垃圾治理的新模式，实现社区垃圾回收量提升、自身社会企业规模效应和城市生活垃圾处理成本节约三个同步，其规模化会对减少垃圾焚烧和节省垃圾填埋空间做出重要贡献。因此，HG 回收通过创新"互联网+"垃圾分类的新模式，积极参与垃圾分类收运和资源化利用的全过程，更多地让社会各界的力量参与进来，形成产业链的全流程合作，通过物质奖励激励居民，打造了全流程产业链，构建了完备的市场化运营体系，实现了垃圾治理的产业化、现代化和可持续化。这相较于依托单一的政府、社区等力量来推动和宣传，则会产生十分不同的效果。

## 三 发挥社会协同作用

HG 回收坚持共建共治共享理念，推动党的"神经末梢"和社会治理的"基础单元"深度融合，营造了全社会共同参与的良好氛围，将党员带头、监督检查、宣传教育贯穿垃圾治理工作的始终，引导居民养成主动践行垃圾分类的习惯，引导民众参与垃圾治理全过程，落实前端分类主体责任，增强垃圾分类意识和分类能力，切实当好垃圾分类的实践者、倡导者和监督者。"在垃圾的末端处理中，应当充分发挥不同治理主体的作用，尤其是在垃圾处理厂选址、垃圾处理方式等问题上，应当引导全社会参与，提高垃圾处理政策的科学性和合法性，促进垃圾生命全链条形成闭环，助力'垃圾围城'困境的破解。"（任丙强、武佳璇，2021）

首先，党员干部发挥示范引领作用，持续激发党员干部工作活力。如组建垃圾分类党员巡检队伍和宣传队伍，通过包区巡检、包户宣传等方式，推动垃圾分类工作。

其次，发挥基层组织的自治合力。通过"党建引领+民主协商"议事机制，将垃圾分类列为民主协商议事会、网格议事小组会的重要议题；推广实施垃圾分类楼道长和垃圾分类结对家庭等宣传模式，由各小区物业企业组织物业管理员、分类督导员、小区志愿者、党员等中坚力量上门逐户宣传；建立"社工+志愿者"的联合监督模式，每天对居民投放的垃圾开展巡检抽查，对镇街、村社、小区、户四级生活垃圾分类情况进行评比。

最后，发挥基础教育引导作用。坚持教育先行，突出抓好学校教育这个关键环节，持续开展垃圾分类进课堂活动，通过将垃圾分类知识纳入教学内容、开展垃圾分类教学等方式，让孩子从小树立垃圾分类的意识，养成良好的垃圾分类和勤俭节约习惯，达到"教育一个孩子，影响一个家庭，带动整个社会"的目的。

# 第二节　"三轮驱动"的生活垃圾治理机制

HG回收形成了创新城市生活垃圾分类模式和提升垃圾分类效能的

三种机制融合路径，即前端社会动员机制、全过程智慧化监管机制、末端市场驱动机制的"三轮驱动"全过程融合机制。

## 一 前端社会动员机制

围绕生活垃圾分类全民参与目标，构建长效化源头减量机制。破解分类难题、提高居民参与率和投放准确率的关键在于强化居民的源头分类意识和习惯。面对以往群众参与积极性不高、分类效果不明显的现实问题，YH区以"最多跑一次"的改革理念优化垃圾分类投放方式，使分类操作更加简易化、便利化。

（一）变"复杂分类"为"简单两分"

在HG回收覆盖区域，将居民家庭的生活垃圾分为较容易区分的干湿两类，通过向每户家庭发放专用垃圾袋，将干垃圾进行回收，以分类操作便利化促进居民垃圾分类习惯的养成，并提升了垃圾分类的实现率，目前干湿两分正确率达90%以上。

（二）变"群众跑"为"员工跑"

推行垃圾回收"代办"服务，在线上搭建"一呼就应"功能，居民可通过官网、公众号、App或回收热线呼叫专门人员及时上门回收，大件家电、废旧家具等还可单独预约回收，已覆盖512个小区，1小时内可上门回收，实现垃圾回收"一次不用跑"。在线下建设HG回收垃圾分类服务站，站点提供垃圾回收服务、快递收发、宽带缴费等便民服务。

（三）变"要我分"为"我要分"

建立垃圾分类"环保金"激励机制，由HG回收按照居民投放的干垃圾重量给予每公斤0.8元的"环保金"，打入居民手机App账户，可用于购买各类生活必需品，提高分类积极性。同时，发动小区热心居民组建志愿者团队和流动宣教队，上门入户开展"现场教学"，在口口相传中提高居民参与主动性。目前，YH区小区居民平均垃圾分类参与率达到80%以上。

## 二　全过程智慧化监管机制

围绕生活垃圾分类全程管控目标，构建智慧化监管机制。生活垃圾在投放、收集、运输和处置的不同环节存在多个参与主体，涉及管理部门达十多个，给生活垃圾分类情况的监管和执法带来了诸多难题。对此，YH区依托垃圾分类数字管理平台，构建生活垃圾全生命周期的智慧化监管网络，实现垃圾从源头产生环节、收集运输环节到末端处置环节的闭环管理。

首先，在前端垃圾收集的过程中，建立垃圾分类评价系统，即居民生活垃圾分类投放的信用评价平台。通过向居民发放二维码垃圾袋的方式，配套落实定时定点投放、小区楼层撤桶、每日扫码巡检等制度，并且对机关工作人员、党员实行与先锋指数、评先评优等考核挂钩。每户垃圾分类情况经巡查后形成后台大数据，以短信方式反馈至户主，根据数据分析跟进二次上门宣讲、警示教育等，培养居民垃圾分类习惯。

其次，在垃圾运输过程中，建立在线的监控系统。通过建立全区智慧环卫监管的平台，并依托物联网和移动互联网技术，对垃圾运输过程中的作业车辆进行全过程实时管理，实现运输车辆车载视频和清洁站、转运站等设施视频监控的联网，在线监控运输车辆状态、垃圾收运量、设施环境质量，用数字化手段覆盖垃圾中端运输中的管理盲区。

最后，在末端建立信息化数据管理系统。通过在易腐垃圾处置站点配备数字地磅、视频监控等设施，严格监管易腐垃圾进场数量、处置数量和利用去向。同时，对各处置站点的数据进行实时监测，一旦出现异常情况，系统将会及时产生预警，以信息化的方式进行全过程的监管。

## 三　末端市场驱动机制

构建以政府为主导、企业为实施主体的垃圾分类、收集、运输和处置体系。通过政府购买服务、引入国企参与等多种形式，将原先条块分割的生活垃圾收集、分类、储运、处理、再生、产品经营等环节一体化，推动形成产业化运营体系，实现垃圾分类回收的可持续性。

打破政府统揽公共事务治理理念，引入各类再生资源型企业参与城市生活垃圾处置，实现生活垃圾资源化，建立资源循环利用产业链，培育打造垃圾治理商业模式。通过自建现代仓储管理体系、物流管理体系和末端再生利用产业群（自有企业和合作企业组成完整的产业链），实现生活垃圾末端分选处置和再生利用的规范化管理。

# 第三节 "三个融合"的生活垃圾治理路径

HG 回收实现了"三个融合"的治理路径，即生活垃圾分类回收网络与城市环卫清运网络的"两网融合"，线下收运与线上智慧监管的"双线融合"，以数字化串联前端分类投放、中端分类收运与末端分类处理的"过程融合"。

## 一 两网融合

城市环境卫生管理工作通过市场化改革，转变为政府领导下的行政主管部门依靠专职队伍及社会力量，依法对城市中各类卫生状况进行管理，进而为城市提供一个整洁、文明的环境。随着城市清运工作作业层的企业化转移，企业承担起城市环卫清运网络的构建及运行工作。

当前，大部分城市的垃圾清运、处置设施等基础设施，存在建设滞后性问题，而且在环卫企业运营过程中往往存在设施运转不正常、系统调配不科学、整体运作不高效等问题。HG 回收将生活垃圾分类回收的智慧化网络与城市环卫清运网络融合，促使环卫工作进入转型升级发展的新阶段，城乡环卫一体化实现全覆盖，环卫作业实施市场化运作，通过生活垃圾的回收处理由无害化向资源化转变，生活垃圾收运方式改革加速，智慧环卫的应用领域越来越广阔。在此过程中，通过建立对口衔接、快速反应的工作机制，整合内部作业检查、市民投诉、数字城管万米网格采集等多项管理资源，逐步形成纵到底、横到边的社会化垃圾治理网络，促使垃圾治理及回收工作实现可视化、精细化、智能化管理。

## 二　双线融合

HG 回收实现了线下的垃圾收集及运输与线上智慧监督管控的融合。"双线融合"的方式集合了互联网的优势，弥补了线下传统垃圾运维弊端，为垃圾治理模式创新及可持续发展创造条件。

传统的垃圾回收及治理是以线下各方的互动为基础，以废品收购站为垃圾的中转平台，其中虽涉及一定的垃圾分类，但其是以废品收购站的回收效益为原则而进行的分类及处理。传统垃圾治理下的回收工作仅靠宣传推动和道德自律，居民参与主动性不高。而 HG 回收将其自有的线上小程序推广给居民使用，基于线上的便捷交互，使居民足不出户便能参与垃圾分类回收。在这种"互联网+"垃圾分类模式下，垃圾回收站的功能迭代，能够通过线上的智慧运营及监管流程，实现线下运收的信息化，促使回收流程更加便捷化。

依托线上平台，HG 回收将每户家庭投放的生活垃圾重量和种类通过二维码扫入系统，实现了生活垃圾从产生、清运到处置再利用的全过程数据链。居民在移动端选择废品种类，填写预约时间和地址，工作人员便会在 1 小时之内上门提供服务。在上门回收时，回收人员会对废品进行质检并由系统计算回收价格，待确认后系统会线上支付，自动划账至用户的"环保金"账户。这既实现了便民化服务，又能从源头对垃圾分类进行把控，及时引导居民形成正确分类知识。

生活垃圾在投放、收集、运输和处置的不同环节存在多个参与主体，涉及管理部门达十多个，给生活垃圾分类情况的监管和执法带来了诸多难题。对此，依托垃圾分类数字管理平台，构建生活垃圾全生命周期的智慧化监管网络，实现垃圾从源头产生环节、收集运输环节到末端处置环节的闭环管理。在强化日常检查和常态执法的同时，结合城市大脑建设，不断健全完善生活垃圾前端分类评价、中端智慧监管和末端实时监控三个信息化系统，以数字云管理为支撑，通过线上线下相结合、软件硬件相结合，打造垃圾分类全链条监管体系，实现全过程、实时化、信息化的监管，提高了垃圾分类监管的效率和精准度。

### 三　过程融合

HG 回收围绕"全程管控"，构建智慧化监管机制。生活垃圾在投放、收集、运输和处置的不同环节存在多个参与主体，涉及管理部门达十多个，给生活垃圾分类情况的监管和执法带来了诸多难题。对此，依托垃圾分类数字管理平台，构建生活垃圾全生命周期的智慧化监管网络，实现垃圾从源头产生环节、收集运输环节到末端处置环节的闭环管理。通过前端垃圾分类评价系统、中间在线监控系统和末端数据处理系统，HG 回收打通了前端居民垃圾分类意识提升、中端收运全程监管和末端数据处理分析之间在时空上的隔阂，实现了生活垃圾分类不同节点的融入。

## 第四节　数字化技术重构生活垃圾治理过程

HG 回收依托督导检查、物流运输、处理设备与末端集约公司等线下设置与物质基础，打造且运营的垃圾分类数字化治理系统，坚持数据赋能与科技支撑的技术性治理导向，精准掌控垃圾分类流程与垃圾分类处置，实现了垃圾分类处理过程优化与主体治理关系重构。数字化技术对垃圾分类治理逻辑重塑，通过治理机制链条化、治理主体结构化与治理目标一体化三条路径得以实现，推动垃圾分类治理模式创新。

### 一　数字化延展治理机制链条作用

市域生活垃圾分类是城市人居环境改善与实现可持续发展的有效举措，其本身就是蕴含前端分类投放、中端分类收运与末端分类处理等不同阶段的复杂运行系统，也需要提升激励、动员、宣传、考核等不同治理机制的效能。如何通过多元化治理机制统合作用发挥，提升垃圾分类环节内分类效果以及实现分类环节之间的融合，一直是困扰生活垃圾分类制度落地与提升垃圾分类治理效能的主要难点。HG 回收依托垃圾分类数字管理平台，构建生活垃圾全生命周期的智慧化监管网络，实现垃圾从源头产生、收集运输到末端处置等不同环节的闭环管理。这种闭环管理的全过程监管系统与垃圾分类处置有效衔接体系，借助智慧化监管网络提升了激励、监控、考核等机制的治理效能，建立起连接不同垃圾治理环节的"一体化循环机制"，实现了不同治理机制的链条化延展及其作用黏合，进一步提升了垃圾分类治理效能。

HG 回收通过构建生活垃圾全生命周期的智慧化监管网络，推动了激励、监管与考核等机制在垃圾分类不同环节中的治理效能提升与作用及时发挥。譬如中端分类收运阶段，依托物联网和移动互联网技术，对垃圾运输过程中的作业车辆进行全过程实时管理，实现运输车辆车载视频和清洁站、转运站等设施视频监控的联网，在线监控运输车辆状态、垃圾收运量、设施环境质量，用数字化手段覆盖垃圾中端运输中的管理盲区，让垃圾分类收运完全展现在线上监管与数字化考核之下。垃圾末端处置环节，根据数字化平台统计的资源化组分信息、资源化去向信息、有害垃圾信息、末端企业管理信息等信息模块，全景式展示垃圾分类处置路径与治理效果，可以全方位、科学化与精准性考核企业对生活垃圾的处置成效。根据 HG 回收统计报表，HG 回收 2019 年生活垃圾减量共计 9.2 万吨，资源化率达到 95% 以上，无害化率达到 100%。这为政府对企业的评估、考核提供了直观依据与量化标准。

尤为重要的是，HG 回收通过大数据分析与智慧化监管系统，实现了不同治理机制链条化延展与垃圾分类的闭环式治理，推动垃圾不同分类阶段之间的有效融合。前端分类投放阶段，HG 回收借助"一呼百应"回收平台、居民生活垃圾分类投放信用评价平台、垃圾分类情况数据分析等数字化手段，持续培育居民垃圾分类习惯、推进垃圾分类投放与溯源性跟踪，为垃圾分类收运与处理奠定基础。中端分类收运阶段，对垃圾运输过程中的作业车辆进行全过程实时管理，保证全程分类收运无盲区，以及末端垃圾分类处理有序开展。而末端分类处理阶段对易腐垃圾进场数量、处置数量和利用去向的监管，处理站点数据监测与预警，提升了垃圾分类处理的科学化与有效性。

## 二　数字化重塑治理主体关系结构

构建与落实政府为主导、企业为主体、社会组织和公众共同参与的环境治理体系，是推动经济社会发展全面绿色转型，建设美丽中国的根本保障。然而，垃圾分类实践中的制度设置不合理与政府越位或缺位、企业自主性弱且盈利能力不强、公众参与意愿低以及三者之间的关系失衡，是城市环境治理体系现代化进程难以深入推进的问题所在。HG 回收垃圾分类数字化治理以智慧化管理平台为依托，构建垃圾分类、清运、处置等信息系统与数据库，并把后台垃圾分类数据与市区政府管控平台对接，实现居民参与、企业运营与政府监督等治理主体角色的精准定位，推进政府主导、企业主体与居民参与的关系优化与结构化合作。

一方面，数字化为各垃圾分类主体角色定位与作用空间提供技术支持与制度保障。按照政府主导、企业主体、社会组织和公众共同参与的环境治理体系的要求与设计，需要政府、企业与居民各司其职，政府负责购买、监管与考核，企业负责垃圾分类业务日常运作，居民需要积极参与垃圾分类。数字化技术和平台为落实和完善现代化环境治理体系提供了技术支持。例如，垃圾分类数字化技术和平台为政府购买企业服务提供了依据，也为监督考核企业运行与分类效能提供了依据。调研中，HG 回收副总 L 提到，"对 HG 回收项目的减量情况进行考核，结果作为补助资金依据，指标为该季度户均日收回量，按户均 0.9 公斤/日计算"。政府购买服务、监督考核的指标化与数字化，需要数字化治理方式及其数字化精准呈现。而 HG 回收垃圾分类数据库主动对接政府管理平台，政府可以随时查询、监管整个回收网络运行及其数据结果，提高了政府监管的标准化与精准化水平。居民通过"一呼百应"线上呼叫平台，可以快速呼叫专业回收人员入户带走可回收的有害垃圾等干垃圾，并通过 App 账户"环保金"兑换系统得到可以线下兑换生活用品的"环保金"，增强了居民垃圾分类意愿。"现在把垃圾桶放在家里很方便的，还有环保金拿，不知不觉地就要分开。现在不一样了，家庭的责任感与积极性更高了。"（W 村居民）

另一方面，数字化治理平台优化治理主体关系，建构紧密型垃圾治理共同体。政府主导、企业主体、社会组织和公众共同参与的现代化环境治理体系，不仅要求各主体遵从各自的角色定位和作用空间，还要推进治理主体信任关系与治理共同体建设。数字化治理具有数字化展示、指标量化与方便快捷等优点，使治理主体间合作更为开放与紧密。数字化治理平台的直观展示与数字化指标的量化反映，可以让政府与企业之间的市场化契约关系更加信任，企业与居民之间的互惠关系更为积极。例如，HG 回收实施居民垃圾分类二维码定点跟踪与评价、视频监控清运车辆与场所、末端监管垃圾资源化利用与企业运营情况，对垃圾收运时间效度、每天的垃圾收运量、垃圾回收工作效率、资源化利用率等加以实时监控与数据统计，可以直观呈现 HG 回收垃圾分类治理效能，也为应对政府购买服务与指标考核提供依据。HG 回收数字化治理实现资源回收系统与环卫清运系统有效融合，串联"企业－居民－社区"与"居民－社区－政府"的生活垃圾分类互动网络和生活垃圾分类抽离系统。

## 三　数字化推进治理对象目标融合

数字化技术手段实现了垃圾分类理念、过程与方法的根本转型。垃圾分类数字化治理是治理主体借助数字化技术实现垃圾分类目标、重构治理结构与主体关系、创新治理方法的过程。垃圾分类数字化治理不仅需要治理垃圾分类数据，还需要基于垃圾分类数据对数字加以组织和运用。"强调数据为治理构造了一个新的治理场域，推动治理主体以一种新的观念和视角去重新审视社会治理。"（颜佳华、王张华，2019）这种基于"对数字的治理与基于数字的治理"（李智水、邓伯军，2020）的垃圾分类数字化治理分析框架，在关注垃圾分类数据及其治理价值的同时，需要重新审视数字化技术对垃圾分类治理理念、治理结构、治理方式、治理效能的重构，以及由此引发的基层社区治理模式与城市环境治理体系的现代转型。

在以数据为本的数字化治理逻辑下，数据成为治理行动依据和治理目标的外在导向。垃圾分类的数字化与指标化，在垃圾的处置、主体关系建构与基层秩序规范之间搭建起融合关联，呈现治理目标一体化态势。以数字为导引的垃圾分类治理，围绕垃圾处置的经济效益、社会效益和环境效益展开，垃圾分类数字化治理情况的量化与大数据分析，可以直观呈现垃圾分类治理过程与成效，为提升垃圾分类治理效能提供依据。基于数字的垃圾分类治理，可以为垃圾处置提供精准定位和科学依据。HG 回收工作人员说道："在梳理整个垃圾分类过程当中，最终是通过量化指标来衡量的。我们的量化指标均是以数据分析为依据。"对垃圾分类的数字化治理，不仅可以量化垃圾分类企业运营情况，为政府购买服务与指标考核提供依据，还可以重新建立以数字为中心的监管模式以及搭建数字串联企业－政府－居民的关系链。而且，通过垃圾分类数字化治理增强居民社区参与意愿和环保意识，可以推进基层社会治理能力现代化建设。例如，公司在塑造回收员、分拣员等人员分工的基础上，拓展出社区积极居民等延伸队伍以及组建垃圾分类党员巡检队伍和流动宣传队伍，发动党员担任辅助桶长，通过包区巡检、包户宣传等方式，上门开展现场教学，形成邻里互相学习、监督的社区氛围。

HG 回收实施垃圾分类数字化治理，形成了指向垃圾治理成效的"基于数字的治理"与应对监管考核的"对数字的治理"两种融合性治理逻辑，以及导向基层社会治理现代化的治理目标。加强和创新市域社会治理，推进市域社会治理现代化是党的十九届五中全会的重要精神要求，需要从治理理念现代化、治理体系现代化与治理能力现代化三个宏观层面，建构出以党建为引领、以人民为中心、以法治为依托、以科技为支撑（北京市习近平新时代中国特色社会主义思想研究中心，2020）的治理路径加以系统推进，也需要从民生福祉、人居环境、经济发展、政府服务等具体领域加以逐步突破与具体落实。城市生活垃圾分类数字化为切实推进市域社会治理现代化提供了检验切口与实验窗口，也实现了垃圾分类处置、治理主体关系与基层秩序规范等治理对象及其目标的一体统合推进。

建立健全线下线上融合的资源循环利用体系，推进生活垃圾分类与资源化利用，是解决"垃圾围城"问题与实现城市生活垃圾减量化、资源化、无害化处理目标的有效方式。自 2000 年城市生活垃圾分类试点开始，中国的垃圾分类治理已走过 20 余年，而垃圾分类效果一直备受诟病。为破解城市生活垃圾分类治理难题，进一步提升垃圾分类治理效能，互联网、大数据、区块链等数字化技术，各类智能分类回收装置、公众号、小程序、智慧管理平台等数字化手段，被广泛应用到城市生活垃圾分类治理进程。在加快数字化发展与数字中国建设，推动智慧城市与数字化生活新图景建设等社会背景下，我国城市生活垃圾分类俨然已经进入数字化治理新时代。

数字中国建设与智慧城市打造，驱动生产、生活方式和治理方式变革，数字化成为助推生活垃圾分类治理创新的重要引擎。HG 回收依托智慧城市打造、数字社会建设以及良好的物流系统，充分融合线上数字化治理系统与线下分类回收利用体系，建立起前端收集一站式、循环利用一条链、智慧监管一张网的生活垃圾分类治理全链条体系，实现生活垃圾分类与资源化利用的有效衔接。HG 回收的数字化治理体系运行，以线上监管与线下物流融合、前端分类简约与末端利用集约结合、数据精准分析与智慧监管整合，实现了"三个融合"，即生活垃圾分类回收网络与城市环卫清运网络的两网融合，线下收运与线上智慧监管的双线融合，前端分类投放、中端分类收运与末端分类处理的过程融合。HG 回收的垃圾分类数字化治理，以数字化技术和数字化治理平台为依托，推动激励、监管、考核等治理机制的精准化及其作用链条化延展，理顺了政府、企业与社会之间的结构性关联，通过大数据技术分析垃圾分类数据，推动了垃圾分类"三化"目标、主体伙伴关系与基层善治的目标合体，达成从垃圾分类治理体系与治理能力现代化到市域社会治理现代化的转型提升（见图4-1）。

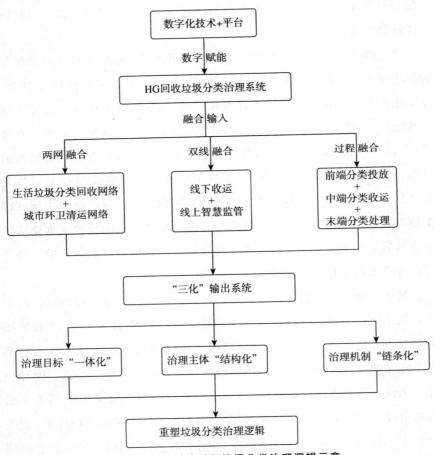

**图4-1 数字赋能重塑垃圾分类治理逻辑示意**

数字赋能是现代社会发展的新引擎，带来社会的整体性变革与系统化转型。垃圾分类数字化治理是互联网、大数据等新技术在垃圾分类领域的应用。以数字化助推城市生活垃圾分类治理创新与模式转型，能够优化分类投放、分类收运、分类处置的处理体系，有效达成垃圾分类减量化、资源化、无害化的处置目标，助推城市环境治理现代化甚至市域社会治理现代化。数字化技术介入提升了垃圾分类治理的精准化和科学化水平，实现了垃圾分类治理逻辑重塑。数字化技术及其应用助推垃圾分类治理创新，实现了垃圾流动过程的优化与主体利益关系的重构，也需要一定的社会基础作为保障。数字化技术的场景应用、推广扩散以及数字化助推垃圾分类治理创新的持续性，需要清运系统、监督人员等线下设施基础和制度保障，也需要居民环保参与、社区组织网络等社会基础加以支撑。这就提醒我们需要加大技术更新、资金投入、精准监管等外部力量的投入力度，也需要对垃圾分类数字化治理存在的政府与市场"侵蚀"社会、人的主体性遮蔽、垃圾源头无法减量、居民动员被动等内在隐患加以警惕。

# 第五章

# 城市生活垃圾分类系统何以有效运转？

自 2000 年中央在全国范围推进城市生活垃圾分类试点，中国的垃圾分类处理工作已走过 20 余年，垃圾分类效果却一直备受诟病。为破解城市生活垃圾分类治理难题，进一步提升垃圾分类治理效能，在《生活垃圾分类制度实施方案》（国办发〔2017〕26 号）、《关于加快推进部分重点城市生活垃圾分类工作的通知》（建城〔2017〕253 号）、《"无废城市"建设试点工作方案》（国办发〔2018〕128 号）等政策指引与目标激励下，上海、杭州等部分城市形成了两网融合、绿色账户、数字化治理、党建引领等一批有效做法与典型模式。与此同时，全国各地城市生活垃圾分类工作持续推进，生活垃圾分类系统不断完善。城市生活垃圾分类系统作为垃圾分类和处理的运行基础，是实现城市生活垃圾减量化、资源化、无害化处理目标的关键因素。为此，继国家相关部委 2017 年提出加快建立分类投放、分类收集、分类运输、分类处理的垃圾处理系统，加强垃圾分类收集、运输、资源化利用和终端处置等环节的衔接，形成统一完整、能力适应、协同高效的全过程运行系统等指导思想与建设目标之后，国家发展改革委、住建部等部门在《关于在全国地级及以上城市全面开展生活垃圾分类工作的通知》（建城〔2019〕56 号）中提出，到 2020 年，46 个重点城市基本建成生活垃圾分类处理系统；到 2025 年，全国地级及以上城市基本建成生活垃圾分类处理系统。2021 年，国家发展改革委和住建部在《"十四五"城镇生活垃圾分类和处理设施发展规划》（发改环资〔2021〕642号）中再次提出，要分层次、分重点、分阶段地提升城市生活垃圾分类和处理能力，实现垃圾分类和处理系统全覆盖的五年目标。通过持续的自上而下的行政推动与市场响应以及地方实践创新与社会宣传教育，全社会形成了良好的垃圾分类处理氛围。根据公开报道的资料，截至2020年底，全国46个重点城市基本建立健全生活垃圾分类系统，诸多地级市、重点城镇也具备了生活垃圾分类系统建设基础。从已有研究与诸多实践经验来看，城市生活垃圾分类系统难以有效运转，生活垃圾分类减量化、资源化、无害化目标难以达成预期，是制约我国城市生活垃圾分类治理成效的主要困境。如何推动城市生活垃圾分类系统有效运转，提升垃圾分类治理效能和带动生活垃圾分类治理"三化"目标达成，诸多城市不断在实践探索，学界亦在持续关注。

# 第一节　城市生活垃圾分类系统运转的动力机制

HG回收精准定位政府、企业与社会等不同主体的角色扮演与功能发挥，通过社企合作分类抽离家庭垃圾、数字化技术监管垃圾分类过程与市场机制实现前端末端融合三种驱动力及其聚合力，对垃圾分类的行动主体、垃圾流动路线与物理基础设置三种运行框架的有效优化，破解了阻隔生活垃圾分类治理系统良性运转的内在困境，形成了生活垃圾分类和资源化利用的市场驱动模式。

## 一　社企合作推进前端分类

政府主导、企业主体、社会组织和公众共同参与的垃圾分类治理体系下，学术研究与实践经验均认为，居民与社区组织等社会力量往往最难动员。社区居民垃圾分类意愿和分类行为是实现城市生活垃圾分类和资源化利用的基础。居民分类意愿与分类行为严重背离（陈绍军等，

2015)、行动力不足（毕学成，2020）等前端分类困境，制约城市生活垃圾分类和资源化利用系统的良性运转。生活垃圾源头分类治理，需要实现垃圾分类与主体分类治理，是生活垃圾不断被分类抽离的过程。HG回收形塑的生活垃圾家庭与社区双抽离，实现了资源回收系统与环卫清运系统有效融合，构建起以居民为中心，串联企业-家庭-社区与家庭-社区-政府的生活垃圾分类互动网络和生活垃圾分类抽离系统。企业与居民合作对家庭可回收废弃物与有害垃圾进行分类，通过工作人员的入户抽离，进入垃圾分类投放与处置系统；厨余垃圾等生活湿垃圾则由居民投放后，交由环卫工人从社区抽离，进入城市环卫系统。

一方面，生活垃圾分类投放是居民个体环保行为，更是家庭事务安排与绿色生活方式。居民生活垃圾分类投放生活化与常态化，需要居民具备环保意愿与分类能力，也需要把生活垃圾分类作为家庭日常事务加以规划与安排。借助工作人员入户回收、企业"环保金"物质激励与社区居民监督等措施，增强居民的分类意愿与分类能力，让生活垃圾分类回归家庭日常事务，实现家庭生活垃圾的分类抽离。为缓解生活垃圾分类知识、行为给居民带来的压力，借助生活垃圾干湿二分、工作人员入户回收、垃圾分类回收智慧化等长效机制，推动家庭生活垃圾的分类抽离与分类投放。家庭可回收废弃物抽离由企业职工与居民在家户内完成，湿垃圾可以由居民自己放置于社区公共垃圾桶。

另一方面，为推进垃圾分类知识的生活嵌入与生活垃圾的家庭与社区双抽离，HG回收在制度化员工的基础上，拓展出社区志愿者延伸队伍以及组建垃圾分类党员巡检队伍和流动宣传队伍，通过包区巡检、包户宣传等方式，形成邻里互相学习、监督的社区垃圾分类氛围。"我们也动员社区居民参与垃圾分类，很多社区党员、积极分子被纳入了评选考核督促队伍，帮助宣传垃圾分类知识，督促居民生活垃圾分类。"（HG回收副总L）

## 二　数字化技术实现过程融合

生活垃圾分类治理是一个蕴含前端分类投放、中端分类运输与末端分类处置三个阶段的内在体系，需要居民、社区、环卫部门、企业、政府等不同行动者密切衔接。如何实现垃圾分类不同阶段的有效融合，编织行动者衔接良好的关系网，一直是困扰生活垃圾分类的现实障碍。互联网、物联网、区块链与大数据等数字化技术介入垃圾分类过程，为破解垃圾分类阶段融合与主体衔接不畅问题找到突破口。数字化技术介入垃圾分类过程，实现了垃圾流动过程优化与主体利益关系的重构，推动着生活垃圾分类系统有效运转（孙旭友，2021）。HG 回收依托垃圾分类数字化治理与信息化平台，构建生活垃圾全生命周期的智慧化监管网络，实现垃圾从源头产生环节、收集运输环节到末端处置环节的闭环管理，推动激励、监控、考核等治理机制的链条化延展及其作用黏合，提升了垃圾分类系统运转速度与效率。

一方面，HG 回收通过构建生活垃圾全生命周期的智慧化监管网络，提升了激励、监管与考核等机制在垃圾分类不同治理环节的有效性。譬如中端分类收运阶段，依托物联网和互联网技术，对垃圾运输过程中的作业车辆进行全过程实时管理，实现运输车辆车载视频和清洁站、转运站等设施视频监控的联网，在线监控运输车辆状态、垃圾收运量、设施环境质量，用数字化手段覆盖垃圾中端运输中的管理盲区，让垃圾分类收运完全展现在线上监管与数字化考核之下。

另一方面，HG 回收通过大数据分析与智慧化监管网络，实现了不同治理机制链条化延展与垃圾分类的闭环管理，推动垃圾不同分类阶段之间的有效融合。例如，前端分类投放阶段，HG 回收借助"一呼百应"回收平台、居民生活垃圾分类投放信用评价平台、垃圾分类情况数据分析等数字化手段，持续培育居民垃圾分类习惯、推进垃圾分类投放与溯源性跟踪，为垃圾分类收运与处理奠定基础。中端分类收运阶段，对垃圾运输过程中的作业车辆进行全过程实时管理，实现运输车辆车载视频和清洁站、转运站等设施视频监控的联网，对垃圾运输过程中的作业车辆进行全过程实时管理，在线监控运输车辆状态、垃圾收运量、设施环境质量，用数字化手段覆盖垃圾中端运输中的管理盲区，保证末端垃圾分类处理有序开展。而末端分类处理阶段对易腐垃圾进场数量、处置数量和利用去向的监管，处理站点数据监测与预警，提升了垃圾分类处理的科学性与有效性。

### 三 市场驱动拓宽末端出口

生活垃圾分类和资源化利用以生态效益为导向，经济效益为保障。实现生活垃圾分类前端入口与末端出口融合，以及前端分类后生活垃圾资源化利用和取得经济效益，是城市生活垃圾可持续性分类的根本保障。"垃圾分类这个概念是老百姓在前面，最终考量的其实是你的末端能力问题，前面分得再好，末端能力跟不上的话，你的出口问题解决不了，你的垃圾分类就是失败的。"（HG回收总经理）HG回收通过垃圾分类末端处置企业集约化，企业与政府合作建立末端再生利用产业群，对塑料、玻璃、纺织品、纸张、金属、生物质、电器、危废处理等40余家企业进行清单目录制管理，构建以政府为主导、企业为实施主体的垃圾分类、收集、运输和处置体系。通过政府购买服务、引入企业参与等多种形式，将原先条块分割的生活垃圾收集、分类、储运、处理、再生、产品经营等环节一体化，推动形成产业化运营体系，拓宽了低价值物品资源化利用渠道，实现垃圾分类回收的可持续性通过商业化运作。

HG回收以政府购买服务的财政拨付为资金基础，以企业营利为目的，构建起企业运营、居民激励和政府考核一体化的市场驱动模式，通过拓宽生活垃圾分类末端出口，实现生活垃圾前端分类入口与末端处理出口充分衔接。基于前端分类的废旧物资的资源化状况受制于下游和末端处置企业的事实，HG回收打造出以垃圾资源化利用的精细化与出口对接为主要特征的循环利用链条（屈群苹，2021）。

## 第二节 城市生活垃圾分类系统有效运转的限制

HG回收作为以垃圾分类处理产业化与市场化为导向的社会企业

（苗青、赵一星，2020），积极落实政府为主导、企业为主体、社会组织和公众共同参与的环境治理体系要求，以政府购买生活垃圾处置服务资金为基础，围绕数字城市现代环境治理体系建设与"无废城市"打造契机，推动生活垃圾分类系统有效运转，构建政府主导、市场主体、社会协同的垃圾分类治理共同体。HG 回收生活垃圾分类系统与政府、社会等外在支持系统的关联程度，以及社会支持结构失衡与力量不均，导致家庭生活垃圾增量问题无能为力、社会力量参与不足、数字化治理迷思等衍生困境，进而限制系统长效运行。

## 一　社会力量难以真正动员

HG 回收对家庭生活垃圾的分类抽离，是企业、居民与社区力量合作治理的过程，也是转化居民分类压力和提高居民分类收益的过程。但是，HG 回收对社区社会力量的动员是一种嵌入而非融入过程。HG 回收生活垃圾分类系统的社区嵌入与社区动员是通过生活垃圾家庭与社区双抽离系统实现的，这种双抽离系统能够在一定程度上动员起社区社会力量，成为推动系统良好运行的必备基础，但是也带来生活垃圾分类系统无法融入社区、社会力量难以真正动员等治理难题。

一方面，HG 回收构建的家庭生活垃圾抽离体系，是建立在企业员工入户收取、分类投放便利化与物质激励机制等技术性基础之上，存在对家庭生活垃圾增量问题无能为力、社区居民环境保护意愿无法提升等治理困境与技术风险。例如，HG 回收只是对家庭生活空间内的分类垃圾进行抽离，而对家庭生活存量垃圾的减量化、资源化处理，对个人消费意愿和家庭消费方式等产生垃圾的生产生活方式难以触动，就无法从根源上减少家庭生活垃圾生成。

另一方面，HG 回收对社区力量的动员以及生活垃圾社区抽离，带有形式化动员、特殊群体参与、外在激励性动员等特征。"咱们小区来参加这个活动，跟着居委会监督垃圾分类的大部分是老人和党员，那些年轻人哪有时间啊。有时候还发点辛苦费，我们都退休了，来干点事挺

好的。"（某小区垃圾分类志愿者）

HG 回收系统嵌入城市社会政治、生活、技术与文化等不同系统中，但是系统之间的嵌入程度与关系结构不均衡。加强生活垃圾分类系统与社会政治、文化、生活等系统的进一步融合与互嵌，是夯实城市生活垃圾分类系统长效运转社会基础的关键。

## 二　过度依赖政府资源支持

HG 回收作为一种地方化生活垃圾分类与资源化利用模式，其系统良性运转与成效取得，需要特定的城市社会条件与情境化资源支持。例如，当地政府财政支持、数字化城市实施完备性与习近平生态文明思想认知程度、"无废城市"建设理念宣传等。尤其是政府购买服务是提升社会公共服务效能和推动服务主体多元化的有效举措，可以很好地将不同的主体链接形成合作结构与服务网络。为了更好地满足公众的服务需求，将政府机构、企业、社会组织、志愿组织等不同的服务生产主体联结起来，形成互助合作的链状关系，从而有效地提高服务供给效率和质量（Ruggles，2005）。政府购买服务的财政拨付与公司垃圾减量成效直接挂钩的激励机制，激发了企业垃圾分类处理业务开展的积极性，但也成为生活垃圾分类系统长效运转的制约因素。HG 回收对政府资源的过度依赖产生两种后果，限制城市生活垃圾分类系统长效运转。

### （一）政府考核导向与指标数字化

政府通过购买公共服务的方式，把垃圾分类业务交给企业运作，政府负责监管与考核。根据 YH 区政府制定出台的《YH 区生活垃圾分类考核补助办法》《YH 区生活垃圾集中处理环境改善专项资金管理办法》等相关政策，YH 区政府建立以生活垃圾控量和易腐垃圾分出量为重要指标的财政补助机制，通过量化考核指标，将考核结果作为经费划拨的重要依据。HG 回收在积极利用"环保金"、生活用品兑换等市场交换机制动员居民践行垃圾分类的同时，把垃圾分类率、资源回收总量、无害化率、减量化率等作为市场服务指标，推动实现企业市场化运营目标和政府考核导向。与此同时，数字化技术助推生活垃圾分类治理体系与治理能力现代化，但企业为迎合数字化治理创新和政府考核指标化，城市生活垃圾分类越发脱离日常生活，生活垃圾处置导向技术理性思维与技术治理模式，生活垃圾分类数字化迷思是生活垃圾分类系统需要警惕的治理风险。

（二）自我造血能力不足以及该系统与其他系统的关系不均衡

如同 HG 回收的设计者之一所说：该模式达到 20 万户的服务覆盖面，就能实现自我运转。遗憾的是，HG 回收目前还无法完全实现自我供血运营。HG 回收系统的运行资源主要来自当地政府的服务购买与少量的废弃物再利用产生的保障收益，但其更多的是依靠政府财政支持。政府财政支持的不可持续是制约 HG 回收生活垃圾分类系统长效运行的最大障碍。只有系统运行资源在财政投入、废弃物经济价值与垃圾清理收费等之间实现均衡，进而逐渐减少对政府财政支持的依赖，该困境才能得以破解。

# 第三节 城市生活垃圾分类系统有效运转的路径

根据世界银行 2018 年发布的报告《垃圾何其多 2.0》，全世界每年产生 20.1 亿吨城市生活垃圾，其中至少有 33% 没有经过环境无害化处理，生活废弃物已经成为人类生存的主要威胁之一。伴随着城市化程度向纵深推进，城市生活垃圾总量持续增长，中国的"垃圾围城"问题日益引发社会各界高度关注。生态环境部发布的《2018 年全国大、中城市固体废物污染环境防治年报》显示，2017 年全国 202 个大、中城市生活垃圾产生量 20194.4 万吨，处置量 20084.3 万吨，处置率达 99.5%。[①]

① 《你不知道的城市生活垃圾大数据》，https://www.163.com/dy/article/EQUM1OPV05 19DFFO.html，最后访问日期：2024 年 9 月 29 日。

有效处置日益增长的生活废弃物和建立完善的城市生活废弃物处理系统，考验城市治理体系和治理能力现代化水平，关系到城市人居环境改善与环境友好型、资源节约型城市社会建设成效。

城市生活垃圾分类实践原有困境难以有效破解，地方实践创新中新的难题又不断涌现，归根结底是现有生活垃圾分类系统难以实现有效运转导致的。生活垃圾分类系统有效运转，是实现日常生活、社会系统与自然生态之间的有效衔接与均衡关系的基础，可让垃圾废弃物再次转化为对社会有用、对自然无害的物质形态，进而实现生活废弃物的循环利用、能量转化与价值再造。生活垃圾分类系统作为一个蕴含规章制度、物理设施与治理方式、行动主体等多重要素的运行系统，其良性运转的目标达成，需要实现两个有效衔接。一是生活垃圾分类系统内在结构的有效衔接。主要包括制度、设施、主体等不同要素之间的衔接以及垃圾前端投放、中端收运与末端处理的阶段性衔接。二是生活垃圾分类系统与实践场域内的其他系统的有效衔接。譬如生活垃圾分类系统与地方的政治要求、经济基础、社会文化等系统的匹配关系，是否能获得更多的社会支持与资源投入等，都会影响其运转状态与治理成效。HG 回收生活垃圾分类治理全链条体系的有效运转与系统内在元素、各阶段的有效衔接，得益于家庭生活垃圾前端抽离、数字化技术的过程治理与市场导向的末端处理三种驱动力，对垃圾分类行动主体、垃圾流动与物理设施三种运行框架的有效优化，进而破解了居民家庭生活垃圾分类意愿难以增强、垃圾分类与资源化利用难以有效衔接以及垃圾分类阶段难以融合等内在困境。

如何有效处置日益增长的生活废弃物和建立完善的城市生活废弃物处理系统，考验着不同类型城市治理体系与治理能力现代化水平，关系到城市人居环境改善与环境友好型、资源节约型城市社会建设成效。HG 回收生活垃圾分类和资源化利用体系，以政府主导、企业主体、社会组织与公众参与的环境治理体系为基础，实现了政府、企业与公众多主体精准合作和社会、技术与市场三种机制驱动力充分融合，达成生活垃圾分类处理减量化、资源化、无害化目标，但是居民环保意识难以增强、社会组织参与受限以及企业对政府的高度依赖限制了社会、市场、技术等机制发挥作用空间，也会阻碍生活垃圾分类治理体系与治理能力现代化进程。例如，HG 回收是对家庭生活存量垃圾的减量化、资源化处理，但对个人消费意愿和家庭消费方式等产生垃圾的生产生活方式难以触动，无法从根源上减少个人和家庭生活垃圾生成。如何应对消费主义的社会影响、动员社会力量参与垃圾治理结构和克服数字化技术内在弊端，依然考验着城市生活垃圾分类治理和资源化利用体系的运行能力。

按照组织社会学或系统论的观点，一个系统有序运行与长效运转，需要系统内部不同要素之间良性配置，以及不同子系统之间加强合作与资源互通。城市生活垃圾分类系统长效运转需要具备三个基础性条件，即垃圾分类投放、分类运转与分类处理的有效衔接；垃圾分类处理的产业化的自我造血能力；社会力量与政府资源的支持体系。这三个基础性设置是相互形塑的。生活垃圾分类系统内在困境破解与不同阶段有效衔接需要制度、技术、资金、设备、人员等不同要素及其充分融合。这些离不开政府政策支持与资金投入，也跟社会力量参与、居民个体环保行为密切相关。垃圾分类与资源化利用的产业化嵌入政府宏观绿色发展与循环利用产业规划，也受到个人绿色生产生活方式转型影响。生活垃圾分类作为一种兼顾公共事务与私人生活的社会事业与经济产业，加大生活废弃物经济价值开发力度，推动居民垃圾分类与增强居民垃圾缴费意愿等是实现生活垃圾分类系统长效运转的社会经济基础。

城市生活垃圾分类系统有效运转及其运作机制创新，是在技术、组织、人才、制度和文化五个要素组成的"TOPIC"（洪大用，2022）要素模型下完成的，是一种系统内在元素优化与外在资源嵌入的过程。城市生活垃圾分类系统有效运转与驱动机制发挥作用，建立于社会、政府、市场等结构性力量的支持体系均衡化基础之上。通过对 HG 回收生活垃圾分类系统有效运行的驱动机制及其发挥作用条件的分析发现，社会、技术和市场三种驱动机制可以有效优化城市生活垃圾分类和资源化利用体系，实现生活垃圾分类各阶段间的有效串联。城市生活垃圾分类系统及其有效运转得益于系统内部结构重组、系统元素的有序化以及外部资源输入、条件支撑，而系统内在困境与外在条件缺失会侵蚀系统运转成效，阻碍系统运转长效化。但是，生活垃圾分类系统有效运转依然需要城市社会政治经济体系的支持，深受城市地方社会政治经济体系的支持力度与嵌入程度的影响。城市生活垃圾分类系统有效运转不能仅依靠系统内在阶段有效衔接，还需要对外在社会支持体系加以建设。

另外，形成可供借鉴、可扩散的生活垃圾分类模式是解决我国城市生活垃圾问题的现实需要，也是国家政策目标要求。《生活垃圾分类制度实施方案》（国办发〔2017〕26号）提出，到2020年底，基本建立垃圾分类相关法律法规和标准体系，形成可复制、可推广的生活垃圾分类模式，在实施生活垃圾强制分类的城市，生活垃圾回收利用率达到35%以上。在城市生活垃圾增量、国家政策约束、地方模式不断创新等矛盾性结构制约下，是否可以形成城市生活垃圾分类模式以及如何形成具备普适性的城市生活垃圾分类模式，备受学界关注。基于不同地区、不同城市之间在地理环境、社会发展水平、财政支持能力、城市基础设施等方面的差异，难以形成普适化的生活垃圾分类模式已成学界共识。但是从 HG 回收生活垃圾分类系统有效运转分析，能窥视到普适化模式的可能，即构建出具备可供复制的基本框架与保留可供创新的弹性空间。在整体框架上，完善的法律法规和标准体系，技术、组织、人才、制度和文化五个要素融合的垃圾分类治理模式以及社会、市场、政治与技术、文化的垃圾分类驱动力，减量化、资源化、无害化分类目标，都可以成为城市生活垃圾分类模式的整体性框架建设要素。在细节方面，要结合垃圾分类的城市化场景与地方特色，充分挖掘数字化技术、垃圾分类知识、传统文化、居民力量、社会组织等涉及垃圾分类的元素、治理手段与地方资源，并推动其融合进城市生活垃圾分类系统，构建适合本地需要的微创新模式。

## 第四节　城市生活垃圾分类系统有效运转的督导

生活垃圾分类督导①是作为创新垃圾分类机制提出的。生活垃圾分类督导是指由具备更多生活垃圾分类知识与技能的专业人员指导其他掌握较少知识和技能的非专业人员，以助其正确进行垃圾分类，实施垃圾分类投放的过程。在社区层面，生活垃圾分类督导员由物业公司员工、志愿者或街道聘用专职人员构成，是经由基层政府行政动员或生活垃圾分类制度设计而产生的。他们通过村委会、居委会、物业公司等机构的前期系统培训，在掌握生活垃圾分类知识与技能后，通过入户指导、现场督导、当面示范等方式，向社区居民传递专业的垃圾分类知识，督促居民实施正确的垃圾分类投放行为。

经过几十年的试点试行，全国地级以上城市正逐步完成生活垃圾分类治理体系部署，诸多有条件的县城与农村地区，生活垃圾分类也如火如荼地开展，且形成了数字化赋能、党建+、积分兑换、社会组织参与等垃圾分类治理经验与创新机制。其中，生活垃圾分类督导成为推动生活垃圾分类制度落地、提升垃圾分类处置成效与构建环境友好型社区的有效机制，并得以制度化推广与实践性应用。如国家发展改革委、住房和城乡建设部等部门2017年颁布的《生活垃圾分类制度实施方案》明确提出建立垃圾分类督导员及志愿者队伍，引导公众分类投放等政策建议。北京、山东、广东、浙江等地的城乡生活垃圾分类条例与法规均提出建立垃圾分类督导员队伍，引导、督促社区生活垃圾分类投放的政策愿景。生活垃圾分类督导逐步制度化，也得以推广应用，但是社区生活垃圾分类督导被认为是默认的共识概念，缺少对其概念内涵与实践应用

---

① 本书中生活垃圾分类督导是结合《生活垃圾分类制度实施方案》（国办发〔2017〕26号）中的垃圾分类督导相关内容，以及日常实践中"站桶"的意义而整合的概念。

的分析，导致无法识别其内在特征与实践逻辑，限制了社区生活垃圾分类督导效果以及生活垃圾分类治理能力与治理体系现代化进程。本节从理念、功能与策略三个方面解读社区生活垃圾分类督导概念，以期加深对社区生活垃圾分类督导的认知。

## 一 社区生活垃圾分类督导理念

社区生活垃圾分类督导作为一种制度化创新机制得到各级政府的法律规定、制度推动与实践应用，其制度设计出发点颇具针对性与精准性。在诸多学者的共识中，生活垃圾源头分类是整个垃圾分类系统良性运行的基础，也是最容易阻碍垃圾分类减量化、资源化与无害化目标实现的关键所在。社区生活垃圾分类督导是为应对或解决垃圾分类源头困境而提出的，即城市生活垃圾治理无法触及居民家庭的困境（陈蒙，2018）。这种督导制度是为解决现实困境而提出的有效对策，但是其背后的生态理念是支撑制度出台、推动制度落地生根的认知基础，也是居民垃圾分类意愿与行为形成的理论支撑。

理念是人类在以自己的语言形式来诠释社会现象时，所归纳或总结的思想、观念、概念与法则的总和。生态理念是指人类对于自然环境和社会环境的生态保护和生态发展观念，涉及人类与自然环境、社会环境的相互关系、思想结构、知识体系等。生态理念是涉及生态价值观、责任感、行为习惯等从观念到行为的认知系统。社区生活垃圾分类督导是对社区居民生活垃圾分类意识与行为的督导，首先需要确认的是生活垃圾分类是一种环境行为。环境行为作为人类作用于外在环境的各种行为，可能是正面的、有利于保护环境的，也可能是负面的、破坏环境的（武春友、孙岩，2006）。依据环境行为的友好型与不友好型进行区分，社区生活垃圾分类督导是针对居民生活垃圾正确投放与错误投放两种行为的督导，其背后的生态环保行为理念主要有两种。

（一）环境友好行为生成假设

环境友好行为生成假设认为，公民生态环境行为与绿色生活方式等亲环境行为可以通过引导、教育、激励等外在力量干预生成。如生态环境部等 5 部门 2018 年联合颁布的《公民生态环境行为规范（试行）》提出"强化公民生态环境意识，引导公民成为生态文明的践行者和美丽中国的建设者"的宗旨。环境友好行为不仅是现代公民必备的基本素养与能力，还是实现人与自然和谐共生的现代化目标的必要方式。生态公民理论提出，通过环境教育、生态知识传递与绿色生活方式的塑造，可以培养出具有生态意识、生态思维、生态美德和生态行动的生态公民。Rosalyn 和 Roger（2000）指出：一个真正具有生态素养的人除了掌握自然生态系统相关知识，对自然和社会具有较高的敏感度以外，还必须理解人与人、人与自然之间的相互影响和作用，知晓并能够分析环境问题，在日常生活中践行对生态环境友好负责的行为。聚焦到生活垃圾分类，居民垃圾分类行为或垃圾分类投放行为也是可以通过教育、激励、督导等机制生成的。基于生态公民培育与环境行为生成的分析，社区生活垃圾分类督导制度认定社区居民通过督导员实现垃圾分类知识与技能的传递，可以被塑造成具备环境友好意识与垃圾分类能力的生态公民。

（二）环境不友好行为纠错假设

环境不友好行为纠错假设针对公民环境不友好行为展开，该假设认为公民环境不友好行为是可以通过教育、示范、惩罚等举措加以纠正的。环境行为影响因素、环保知行不一悖论等是环境不友好行为纠错假设的理论基础。从环境行为影响因素来分析，环境认知、环境知识、经济利益、社会资本等方面都会对公民个体的环境行为产生影响。卢春天、朱晓文（2015）利用西北 4 省 8 县（区）农村地区调查数据分析发现，媒介的使用、环境关心水平、环境危害经历、环境社会规范对提升西北地区农村居民的环境友好行为总频次有着显著影响。日常生活领域的环境行为与不同的情境有关，最为一般的是社会结构与文化背景，如工业化程度、富裕水平、社会分化与整合的形式等，进而对行动者的生活以及体验现实的方式产生影响。在环境行为影响因素多元化现实下，居民垃圾分类行为需要分析影响条件与作用机制，也要讨论居民环保知行不一悖论。这一悖论的基本观点是：居民虽具备环保意识，有实施环保行为能力，但不一定实施环保行为。有学者（Guagnano et al.，1995）指出，环保行为是个体心理态度与经济条件、社会结构和制度等外部因素共同作用的结果，在外部因素的干扰下，环保意识与环保行为很难达成一致。陈绍军等（2015）通过对宁波市社区调研数据的分析，得出城市居民生活垃圾分类意愿与分类行为背离的社会事实。面对居民垃圾分类知行不一的理论悖论与生活现实，可以通过教育、督导等外界力量介入以纠正居民环境不友好行为，达成居民垃圾分类的知行合一。

## 二 社区生活垃圾分类督导功能

实施生活垃圾分类是国家政策推动的结果，也是现代生活废弃物处理技术嵌入居民日常生活的过程。与传统社会自发式的生活垃圾分类不同，现代社会生活垃圾分类具备一套完整的分类体系、科学的分类知识与分类技能。现代社会生活垃圾分类知识与技能的生活嵌入，需要公民具有学习能力与学习渠道，也需要借助宣传、教育、督促、检查等方式加以强化。现代社会垃圾分类知识与技能如何嵌入居民生活、居民知识结构以及能否获得居民认同，关系到垃圾分类处理效果。社区生活垃圾分类督导是向社区居民传播垃圾分类知识与技能的有效方式，也发挥推动居民垃圾分类行为形成以及让垃圾分类成为居民生活方式的作用。

功能是指事物或方法应该发挥的作用。按照社会功能理论对功能的解读，社会的各组成部分以有序的方式相互关联，并对社会整体发挥着必要的功能，具有不可或缺、普遍性与一致性等特点（特纳，2004）。作为社会结构功能主义代表人物之一的默顿，主张从经验层面切入结构功能的分析，提出不同系统的功能可能不尽相同，对事物功能的分析不仅要注重其显性、正向的功能，还应看到其隐性与负向的功能（默顿，1990）。社区生活垃圾分类督导是针对居民垃圾分类意识、习惯、行为与态度的指导与督促，也是督导员与居民、国家与个体、政策法规与生活习惯之间的关系互动与重构过程。按照社会功能的显性与隐性的区分，社区生活垃圾分类督导兼顾直接的环境教育与间接的关系重塑两大功能。

（一）环境教育功能

环境教育一直承载着通过相关环境知识等的素质普及教育，培养公民环境友好态度和价值观，进而做出环境保护行为的重任。蔡丽霞（2015）认为，环境教育旨在使人们通过教育形成生态文明价值观和道德观，成为具有"绿色思想"和"绿色素质"的生态人。受教育群体的环境意识形成、环境价值观塑造与亲环境行为产生是环境教育的三大效应与影响。亲环境行为产生是环境教育的最终目的，即改变个体的环境态度与环境行为，并寻求在改变个体环境行为的同时，带动群体协同环境行为的产生（Aguilar，2018）。

环境教育是社区生活垃圾分类督导的直接功能。社区生活垃圾分类督导的环境教育功能主要是通过督导员的现场或入户向居民传授垃圾分类知识与技能，以改变个体垃圾处理的环境态度与行为，使其践行更加科学化的垃圾分类行为。其关注点在于居民垃圾分类知识与技能的不足，目的是让垃圾分类知识与技能成为居民生活的一部分。例如，在诸多垃圾分类试点社区，小区的督桶员会在早晨六点半到八点半、下午六点到晚上八点这两个时间段，检查每份垃圾的分类情况，对每位丢垃圾的居民进行现场指导，以确保正确垃圾分类与垃圾正确分类。这种现场垃圾分类知识传递与垃圾分类行为演示，可以推动社区居民逐步形成垃圾分类意识与行为。

（二）关系重塑功能

社区生活垃圾分类督导是针对垃圾分类处理构建的新型社区关系，对城市与农村而言，都是新生事物。这种新型社区关系根植于原有社区关系基础之上，但需要重新嵌入社区场景与居民生活。生活垃圾分类督导关系的建立，可能延伸了基层政府与社区关系，也重构了小区物业公司与业主、居民与居民之间的关系等。社区生活垃圾分类督导是通过垃圾分类重塑督导员与居民之间关系的过程，这种督导过程因督导员身份、实施区域、社会基础等不同而产生关系多元特点。这给社区关系带来两个层面的挑战。

**1. 生活垃圾分类督导关系能否顺利建立且长效化**

生活垃圾分类督导关系因垃圾分类而联结，在督导员与社区居民间形成专业化指导与知识传递的关系，是一种新型的社区治理关系。这种新型的社区治理关系的建立需要把有关垃圾分类知识传输给居民，也要约束与修正居民的环境不友好行为。垃圾分类知识与技能学习、垃圾分类行为的规训，都需要打破居民原有的知识结构、生活习惯与态度认知。垃圾分类外在制度与知识技能如果无法转化成居民内在的知识结构与生活方式可能会妨碍督导效果的产生、督导关系的建立及长效化。外在的强制与诱导策略无法引发居民生活习性的转化，或者外在制度无法获得内在态度的响应，进而阻姆垃圾分类行为的生成（孙其昂等，2014）。如何在社区关系中嵌入生活垃圾分类督导关系考验着垃圾分类督导员的能力，影响督导制度的治理成效。

**2. 生活垃圾分类督导能否巩固拓展原有社区社会关系**

无论是城市社区还是农村社区，居民、物业公司、村社基层组织、社会组织等不同行动主体之间早已形成错综复杂且相对固定的社会关系。在社区生活垃圾分类督导推行过程中，商品房小区的物业服务关系、村庄内的村民地缘血缘关系等均有可能受到不同程度的影响。笔者在某村调研农村生活垃圾分类时得知，村里的垃圾分类督导员曾受到同村村民的报复，家里多次被扔垃圾。在城市商品房小区，督导员一般由物业公司员工兼任。物业公司员工受聘于物业公司，服务于业主，他们对居民垃圾分类行为的督导，是一种额外性工作与行政化推动，有时也面临业主不配合与知识权威挑战。一位负责督导的清洁工大爷曾对笔者抱怨道："生活垃圾分类督导也没额外经费，都是增加的活。弄不好业主很有意见，万一不听，闹起来也不好。业主不分的话我就帮着分，说多了（业主）都嫌烦。"这种督导工作给社区原有的关系结构带来诸多影响，生活垃圾分类督导关系能否巩固拓展甚至优化原有社区社会关系有待进一步观察。

## 三 社区生活垃圾分类督导策略

社区生活垃圾分类督导需要完备的基础设施、制度政策、知识技能与利益相关者等多元要素的有效衔接,是一个从制度设计到实践落实的行动过程。垃圾分类作为一种公共服务与个体责任兼顾的环境行为,对不同的行动主体而言,其价值意义与实践方式不同。对国家而言,垃圾分类事关生态文明、美丽中国建设、"双碳"目标达成、文明进步等,需要通过制度规划、宣传教育与行政化等多样化手段自上而下推进,各级地方政府与街道社区、村委会按照既定制度设计与行政化要求,逐步向各个小区、村落推动(试点)垃圾分类工作。在基层政府与社区工作人员看来,垃圾分类是一项政治任务与行政工作,需要按部就班地向下传导。垃圾分类制度传递与压力传导落地到社区、村之后,面临如何与社区情境、居民生活等相契合的本土化过程,也需要对制度规则、任务要求、行动方式等做主动调适与策略变通。

策略是行动主体根据形势发展而制定的行动方针和斗争方法。行动主体选择某些固有策略而不选择另外一些行动策略,是其根据现实情况与自我条件做出的最优选择。但是策略选择又不是完全自由的,受到制度、资本、关系等多方面的约束。社区生活垃圾分类督导作为督导员与居民互动过程,督导员既要确保垃圾分类政策能够顺利执行和完成督导任务,也要面对社区情境、居民要求与互动方式等实践约束。就社区生活垃圾分类督导任务而言,需要达成督导垃圾分类投放(物-结果)与督导垃圾分类投放(人-行为)两个目标。社区生活垃圾分类督导在行政任务达标与居民生活习惯改变、知识技能传授与社区关系重构之间,要达成垃圾分类的短期目标与垃圾分类行为形成的长远目标,其督导策略选择须在制度规范(硬策略)与社区情境(软策略)之间达成一种均衡状态,形成一种软硬兼施的实践策略和情理政治与法理政治(刘威,2010)兼顾的实践逻辑。

（一）依法治理的硬策略

2019 年，《上海市生活垃圾管理条例》的颁布，意味着从此垃圾分类进入了全面法治化推进阶段。随后北京、浙江、山东、河北等省市以及济南、南京等垃圾分类试点城市也相继颁布出台城乡生活垃圾管理条例，生活垃圾分类逐渐成为具有法律强制力的公众行为。例如，北京市为进一步推动生活垃圾分类管理责任化与督导制度落地，全市配备垃圾分类指导员 2 万余人，在《北京市生活垃圾管理条例》实施初期，还通过引入小巷管家、志愿者、楼门长等力量，作为临时垃圾分类指导员，对居民进行辅助引导，实现"人盯桶"全覆盖。《济南市生活垃圾减量与分类管理条例》（2020 年）明确提出建立生活垃圾分类投放督导员制度，引导、督促居民按照要求分类投放生活垃圾。依托生活垃圾分类法治化与督导制度明确化，全国诸多城乡生活垃圾分类试点社区对生活垃圾分类的宣传、督导、入户具有了法律依据，督导员对居民生活垃圾分类的指导与监督具有硬依靠。督导员"督桶"时会检查居民生活垃圾有无分类、是否正确分类，也会督导居民现场分类，向社区居民宣传垃圾分类的法律依据、违反罚款的可能性等。"垃圾不能乱丢了，要正确分类，不符合垃圾分类标准不能丢进垃圾桶""咱们都应该遵守垃圾分类要求啊，都有行政处罚的依据"等构成生活垃圾分类督导时常用话语，也是督导员在"督桶"时向居民传递的信息：督导居民生活垃圾分类投放是有法律依据的。社区生活垃圾分类督导具有合法性依据与硬性推动的政策动力，也在督导员与居民之间搭建起一种制度赋予的权威指导关系。

（二）以情动人的软策略

社区生活垃圾分类督导对垃圾分类意识与垃圾分类行为的塑造，需要切合社区治理场景、居民生活习惯。向居民传递垃圾分类制度规定，形塑垃圾分类行为不是告知、惩罚、依法办事那么简单。督导员面对的是活生生的居民个体，也需要考虑多元化的社区社会关系与多样性的督导关系。无论督导员是物业公司员工还是居民志愿者，对居民的督导更多的都是一种以情动人的软策略。"你的垃圾没分好,你自己再分下,或者我帮你分""下次咱们注意啊"等话语的运用以及积分奖励、礼品兑换等激励措施,推动形成社区生活垃圾分类的柔性治理逻辑。诸多小区的垃圾分类督导员由物业公司员工兼任,他们在"督桶"的时候,多半会检查垃圾袋,如果分类不彻底或没分类,他们一般会主动帮助业主分类,并要求下次一定记得分类。社区生活垃圾分类督导是一个嵌入社区治理的生活交往过程,需要生活便利性与交往常态化的支持。对督导双方而言,以情理代替法理是符合社区治理实际与居民社区生活的更好选择。某小区的物业经理曾经告知笔者:"督桶员督导垃圾分类只能是劝导,我们既没有执法权也没有资金,万一太严格、太较真引起矛盾、冲突就麻烦了,可能会影响物业公司与业主的关系,投诉物业公司工作人员不说,业主到时候可能连物业费都不交了。"

社区生活垃圾分类督导是助推垃圾源头分类与增加居民生态环保行为的创新机制,也是重构社区社会关系与强化社区治理结构的过程。社区生活垃圾分类督导围绕生活垃圾分类,在制度与生活、社区与家庭、督导员与居民等要素之间构建起一种新型的复杂关系。社区生活垃圾分类督导以居民养成垃圾分类习惯与生活垃圾分类投放为双重目标,需要在一定的生态环境理念支撑下,通过策略性的手段重构社区社会关系。在社区生活垃圾分类督导制度化与常规化前提下,地区与地区之间,甚至同一地区的不同小区之间生活垃圾分类督导呈现不一样的场景。有的社区组建了督导员队伍,形成了长效机制;有的社区督导员停留在告示板上,是一种形式化督导,甚至陷入需要重新找回督导员的尴尬境地。依据笔者社区观察与网上新闻资料来看,社区生活垃圾分类督导效果好、持续时间长的社区无一例外,都充分激发社区内生动力,积极动员居民参与,具备良好的社会基础。对社区生活垃圾分类督导理念、功能与策略的分析,提醒我们:社区生活垃圾分类督导需要(借助或建构)一定的社会基础作为支撑,社区生活垃圾分类督导制度落地是重构社区社会关系的过程。

下　编

# 农村生活垃圾分类治理的城乡一体化模式

## ——以鲁、浙两省调查为例

# 第六章

# "垃圾围村"：农村发展的现代性问题

　　无论是绿树村边合、青山郭外斜的田园印象，还是炊烟袅袅、鸡鸣狗吠、山泉流水的农村记忆，农村生活的安宁、自然环境的优美、村民质朴的品性一直是农村社会最"土"，也最真的底色。费孝通（2012：7）在《乡土中国》里写道："在乡土社会里从熟悉得到信任。这信任并非没有根据的，其实最可靠也没有了，因为这是规矩。"但是，伴随着现代化、城镇化、工业化等结构性力量逐渐从城市向农村推进，农村社会结构、生活环境与生产方式等诸多方面发生了极大的转变。当化肥、农药、地膜等农资产品不断充斥着农村市场，化工农业废弃物被随意丢弃在田间地头，当纸尿裤、煤炭渣、纸杯等生活便利用品涌现在农民家庭，生活废弃物不再被看作可以多次使用的好东西，农村生产生活废弃物便成为农民视而不见或被人厌弃的垃圾。"垃圾围村"曾经是乡村社会的环境事实与现实问题。当农村社会存在的生活垃圾无法完全通过内在方式加以消化时，借助外在力量加以（部分）消除或消化就成为一个不得已的最优选择。在城乡之间的融合不断深化之际，城乡之间除了理念、商品、服务、设施等的流动之外，还有垃圾及其治理模式。借助城市生活垃圾治理理念、治理体系与服务模式实现农村生活垃圾就地分类和资源化利用，以及推动农村生活垃圾向城市转移，甚至把农村生活垃圾治理并入城市生活垃圾处理系统，成为诸多东部地区、发达城镇、中心村庄解决"垃圾围村"问题和消除农村生活垃圾污染的主要选择。

# 第一节　问题提出

1962 年，蕾切尔·卡逊的《寂静的春天》的出版，引发大众对环境污染问题的高度关注、对生态环境的持续担忧和对优美自然环境的向往，也激发了环境社会保护行动的高涨和包括社会学在内的人文、社会与自然等诸多学科对环境污染问题的持续性科学研究。在此社会政治背景下，20 世纪 70 年代环境社会学在欧美创立，并逐渐成为一门"显学"。

以美国社会学家邓拉普和卡顿的《环境社会学：一个新的范式》为代表的环境社会学研究成果面世，标志着环境社会学的诞生。尽管二人提出的新生态范式与环境社会学研究计划受到诸多批评（哈珀，1998），但是他们为传统社会学的研究注入了环境维度，构建的环境与社会关系、环境问题的环境社会学以及社会不公平与环境风险关系、资源配置和承载力等相关研究主题，还是为后续研究设置了宽泛的研究基础和领域（Dunalp & Catton，1979）。其中就包括人类废弃物及其处置问题。例如，马克思/福斯特的新陈代谢断裂、施耐伯格的生产跑步机等理论，为资本主义制度与生产方式下垃圾如何产生以及如何成为社会问题提供了有效分析框架。

环境社会学开创者们带有启发性和索引性意义的开创性研究，既可以给后续研究带来经典分析命题和宽泛的研究领域以供学术共同体遵守和拓展，也可以容纳新的研究问题和理论维度以推动环境社会学向纵深发展。环境社会学的研究拓展或空间扩容，一般在两个层面展开。一是研究内容的纵向深化。相关研究可就理论、方法、议题等加以增容、修正和批评，从而增强环境社会学应对现实问题的理论指导性和方法的切实性。二是研究区域的横向扩展。可以在不同国家和地区就当地的环境问题加以本地化研究，进而形成环境问题的"全球化-本土化"兼顾的研究视野和比较性研究框架。无论是环境社会学先行的欧美国家还是后来居上的日本，均在国家工业化、城市化中遇到了诸多环境污染难题，进而形成了具有本土化特色和重大学术影响力的环境社会学理论概念，也比较有效地解决了本地的环境污染问题。中国作为发展中国家，改革开放 40 余年来取得了举世瞩目的成就，但是经济快速增长的环境代价也很大。环境问题凸显和环境污染的社会后果，使得中国急需环境社会学的研究和成果来指导环境问题的解决，并形成具有中国本土特色的环境社会学研究范式。

改革开放 40 余年来，经济高速增长背后的能源消耗和严重的环境污染给中国社会经济发展带来了空前的压力和威胁。这些发展背后的环境后果，不仅破坏绿水青山，还打破"金山银山"实现机制的持续性，严重阻碍我国的绿色发展和生态文明建设。资源短缺、生态破坏和环境污染是现代社会三大生态问题和全球危机，而中国既要处理复合型、压缩型污染带来的困境，又要推进社会现代化和经济持续增长。如何平衡经济发展与环境保护之间的关系，一直考验着各级政府和基层群众的智慧。伴随着中国式现代化向纵深发展、城市化水平不断提高以及城乡融合战略的有效实施，农村社会结构发生了深刻转型。在农村地区，与农民生产方式朝向机械化、现代化转变以及生活方式改变和消费能力提升同步的是，农村环境问题也如影随形。农村环境污染越发严重，威胁着农村社会经济的持续发展、农民美好生活愿望的实现和农村生态宜居环境建设。其中，农村生活垃圾污染是一个值得注意且具有典型意义的环境问题。如何有效治理农村生活垃圾污染和解决农村生活垃圾问题，是一个颇具现实意义和理论意义的战略性问题。

生活垃圾一直伴随着人类的发展历程和生活轨迹。就像中外诸多考古学家所揭示的，从早期的灰烬、动物皮骨到废弃器皿、人畜粪便等，无一不是人类丢弃的废弃物。但是，垃圾问题是现代社会特有的。如同 Strasser（2000）基于美国的垃圾问题及其治理历史考察所提出的：垃圾始终伴随人类生活，具有漫长的治理历史，只是到了 20 世纪，垃圾问题才引发普遍关注和重大社会与生态危机。垃圾问题是现代社会特有问题和世界各国普遍的环境症结。垃圾问题成为世界性难题和需要加以治理的社会环境问题，具有时代特征和社会背景。进入现代社会之后，垃圾污染影响社会经济发展和广大民众的社会生活，才引发民族国家的关注和民众的普遍关心。自此以后，垃圾污染一直是环境社会学持续关注的核心议题之一。垃圾问题研究不仅可以呈现环境与社会在生活中的真实关系，还可以把风险社会、消费主义、新陈代谢断裂、文本实践论、生活环境主义、受害者圈-受益者圈、生产跑步机等中西方环境社会学理论纳入研究范畴。

由资本和消费联手打造的高生产、高消费、高废弃的消费主义逻辑产生的生活垃圾是现代社会特有的问题。这种由现代化、消费主义、城市化、工业化等多种社会结构力量塑造的全球垃圾问题，不仅在发达国家与发展中国家之间呈现差异表征，而且呈现发达国家向发展中国家单面向流动和污染转嫁的趋势。在全球垃圾非均衡流动的同时，发展中国家内部也呈现生活垃圾从城市向农村转移、从发达地区向落后地区转移的态势。更为重要的是，农村社会关系、农业生产和农民生活等结构性变化，导致农村社会自产性垃圾的急剧增长和无法获得及时消解"两个事实"。如何有效地解决农村生活垃圾问题以及创新农村生活垃圾治理模式，成为包括中国在内的发展中国家急需解决的制度性困境和实践难题。在农村人居环境整治三年行动结束与农村人居环境整治提升行动全面开展之际，全国农村生活垃圾收运处置体系已覆盖90%以上的行政村，垃圾处理设施投资显著增加，农村的垃圾山、"垃圾围村"等现象明显改善。[①] 但与此同时，农村生活垃圾治理还存在一些问题和短板，比如各地进度不平衡、质量总体不高、资金投入不够等，与农民群众的期盼还有较大差距。在此背景下，实现城市卫生服务下移与农村生活垃

---

① 《全国农村生活垃圾收运处置体系已覆盖全国90%以上行政村-国际在线》，https://news. cri. cn/20201220/95f235ce-ac45-652d-922c-3bb6e5512b49. html，最后访问日期：2024年9月29日。

圾上移的无缝对接, 即农村生活垃圾城乡一体化治理模式成为包括中国在内的诸多国家的战略性选择和制度安排。农村生活垃圾城乡一体化治理作为国家自上而下推动的治理农村生活垃圾问题的主导性治理模式和制度化要求, 得以在我国东部地区发达省份强力推行。农村生活垃圾城乡一体化治理模式在东部地区的实践是如何开展的? 垃圾处理的具体方式是什么? 取得的成就、存在的问题有哪些? 如何针对现存问题加以机制创新和政策应对? 类似的问题都需要加以理论分析和经验研究。

## 第二节　农村生活垃圾城乡一体化治理的研究进展

伴随着我国工业化与城市化、农业农村现代化的持续推进以及农民生活水平的不断提高, 农村生活垃圾成为制约农村社会发展和威胁农民生活环境的问题, 众多学者曾经用"垃圾围村"来表征农村生活垃圾问题的严重性。弃之不用的垃圾, 既占据着村庄生产生活空间, 也污染了土壤、水和空气, 给农民的生产生活及身体健康带来重大威胁, 对生态文明建设和乡村振兴战略实施构成挑战。作为对农村"垃圾围村"及其环境污染的回应, 实施农村生活垃圾城乡一体化治理, 是众多国家破解农村生活垃圾问题的一条可行路径。

### 一　西方发达国家农村生活垃圾城乡一体化治理: 政策与实践

欧美及日韩等发达资本主义国家, 由于进入现代工业社会较早, 基础设施较为完善、经济基础更加厚实, 城乡一体化程度也较高。20 世纪 70 年代以前, 世界各国对生活垃圾治理的自觉性不强, 治理制度化较弱, 没有形成系统和完备的制度体系。70 年代之后, 随着社会经济发展和环境问题日益严重, 一些发达国家逐渐认识到农村生活垃圾是一个需要超越农村来加以审视的问题, 有必要将农村生活垃圾处理纳入城市管理规划，并用制度和法律的形式，把农村生活垃圾治理纳入城市管理和建设规划中。西方发达国家自 20 世纪六七十年代开始设置专门的机构处理农村生活垃圾，经过八九十年代的避免和减少垃圾产生的垃圾减量化和源头化治理，90 年代的重视垃圾分类和循环利用，现在已经形成以减少废弃物、垃圾分类、循环利用、多元化处理等为关键的垃圾分类收运系统，形成了较为完备的政策法规和治理模式。城乡一体化程度较高的欧美等发达国家，把农村生活垃圾纳入城市生活垃圾处理系统和城乡服务融合体系，形成了较为完备的农村生活垃圾治理政策法规和运行机制、治理模式。

（一）规章制度：法规性政策与经济性政策

首先，农村生活垃圾治理的法规性政策。1965 年和 1970 年，美国联邦政府与议会先后通过了《固体废弃物处理法》和《资源保护与回收法》；1974 年英国制定了《污染控制法》；1976 年，法国颁布了关于废弃物处置和回收的 75-633 号法令；1972 年，联邦德国通过了《废弃物管理法》，1986 年又通过了一项新的《垃圾法》（廖银章，2000）。除了以上国家颁布的法规中包含对农村生活垃圾治理的相关规定，有些地区还颁布了专门针对农村生活垃圾治理的法规，比如美国的俄克拉何马州和肯塔基州，就针对农村地区路边倾倒垃圾的问题颁布了法规，对非法倾倒垃圾的行为有详细的条文加以规范和处置（Lenahan，2006）；澳大利亚的 Campaspe 针对农村废弃物回收设备发布了相关政策。①

其次，农村生活垃圾治理的经济性政策。为促进农村生产生活废弃物的减量、回收利用和处理，一些发达国家往往通过财政手段向废弃物处理者提供必要的资金援助；有的国家对废弃物生产者则要收取垃圾收集和处理的全部费用。经济性政策极大地促进了农村生活垃圾治理的发展，大大减少了农村生活垃圾的产量。例如，美国的废弃物处理及再资

---

① Garbage & Recycling Services to Rural Areas. Australia Campaspe City, 14 September, 2004.

源化经济奖金制度规定，对制定和修改固体废弃物计划的州、市的机关实行补助；对固体废弃物处理方法的开发、调查研究以及实际验证实行补助；对资源回收装置的设计、操作管理以及监督和维护人员的训练计划实行补助。新加坡征收垃圾处理费用，规定所有单位和居民都要缴纳垃圾收集与处理费用。其标准为：居民垃圾每月每户 5~10 新元（居民的垃圾收集分间接收集与直接收集两种，直接收集费用高于间接收集）。德国在垃圾处理中十分重视经济杠杆的调节作用。这种调节包括正反两个方面：正面鼓励包括对废弃物输送车辆实行免税制度等；反面惩罚包括对垃圾生产者直接收取进行垃圾收集、运输和处置的全部费用。此外，德国还实行生活垃圾收费制。环境卫生收费包括两部分：一部分是排污处理费，另一部分是社会服务费。生活垃圾收费制是治理生活垃圾的有效措施之一，它可以抑制垃圾量的增长，同时还可以补偿垃圾处理的运行费。

（二）农村生活垃圾收运模式

西方发达国家城乡一体化程度较高，对于农村生活垃圾基本采取了相对集中的处置模式，即农村生活垃圾城乡一体化处理，但是每个国家的具体模式稍微有所不同（杨列等，2009）。例如，欧盟的收运管理理念是乱倒垃圾是犯罪。农村生活垃圾收运多采用"市政当局主导–社区居民监督"的管理方式，所有农村社区的生活垃圾都是市政当局集中收集和处理，社区垃圾箱等基础设施由市政当局负责配置和安装。市政当局会在农村社区用宣传板的形式提醒居民按照规定收集垃圾，居民对政府的垃圾收运服务和规划有异议可以上诉。欧盟推荐采用的是分类收集收运模式。居民将有机垃圾和无机垃圾用不同颜色的垃圾箱分类收集，经过专用收集车辆的运输，到达指定处理点集中进行处理。收取垃圾时，工作人员根据规定对垃圾进行分类，对违反规定收集的垃圾箱，工作人员将拒绝收集甚至罚款。整套农村收运设施和收集处理的费用由地方政府用征收的房地产税及其他税收支付，在资金上确保收运系统的正常运行。

美国的收运理念是垃圾公司深入农村。美国的农村生活垃圾处理一般由规模不大的家庭公司承担，全国范围内存在数量巨大的小型公司负责垃圾的收集运输。农户也可以是公司员工。公司收取农村生活垃圾，同时也收取一定的费用。每户将分类后的垃圾放置于垃圾箱后，按照规定时间送到收运路线旁边，由专车收集运输到指定集中处理点（Howard，1999）。美国农民居住得比较分散，完善的收集网络能够覆盖到每家每户，每户的生活垃圾都能得到有效收集。

日本农村生活垃圾的收运强调各种垃圾分类回收。农村生活垃圾分类较细，可回收的垃圾与不可回收的垃圾分开投放，农民也可以是公司的员工。公司收取农村生活垃圾的同时也收取一定的费用。每户将分类后的垃圾用轮式垃圾箱收集，按照规定时间送到收运路线旁边，由专车收集运输到指定的集中处理点。部分地区按不同星期回收不同类型的垃圾，包括玻璃制品、塑料、橡胶、皮革、金属、废电池等。专用垃圾车定期收集经过严格分类的废弃物，然后直接送入处理厂回收利用。分类收集降低了后续处理阶段的难度。

西方发达国家农村生活垃圾治理形成了较为完善的处理系统和政策体系，无论是规章制度、处理模式、运行体制还是服务供给、实践逻辑，都很好地把农村生活垃圾问题纳入城乡服务统筹和融合系统，而且当地居民的环保意识、垃圾分类观念和垃圾费用收缴意愿等都较为积极。这对当下中国东部地区农村生活垃圾城乡一体化治理模式及其运行过程等有一定的参考意义。

## 二　国外关于农村生活垃圾治理的相关学术研究

国外对农村生活垃圾治理问题的研究，在发达国家与发展中国家之间呈现梯度性。发达国家与发展中国家在农村生活垃圾治理中呈现的梯度性主要表现在两个方面，即理论系统化与实践常规化。

（1）欧美等西方发达国家的农村生活垃圾治理，既有成熟的城乡一体化治理系统，也有系统化的理论范式。一方面，西方发达国家经历了农村社会自我循环利用、"垃圾围村"的未处理或部分处理、城乡一体化的治理阶段和治理历史（Strasser，2000）。例如，Martin（1981）早在 20 世纪 80 年代就对美国城市生活垃圾的治理历史、治理方式变革过程以及背后的社会政策议程进行了研究。包括垃圾在内的环境污染的现实影响在学术界得到回应，诸多学者提出了环境污染形成的社会原因，并形成了经典的环境问题研究范式。福斯特（2006）的农业循环断裂是对马克思生态观点的重新挖掘，认为自然–人类–社会三个系统之间原先均衡、循环、持续的资源交换圈，由于资本的介入和私有制大生产而被打破。虽然生态政治经济学观点和理论旨趣主要指向政治经济不平等与生态问题、环境不公正之间的制度性关联，但是也提出了垃圾大量产生和垃圾问题的主要社会制度根源。生产跑步机理论直指现代资本主义社会大量生产、大量消费与大量垃圾和严重环境污染之间的关系，形成了"大量生产—大量消费—大量废弃"的现代社会和消费社会垃圾生成的经典解读。鸟越皓之（2009）的生活环境主义提出通过尊重、挖掘并激活当地生活中的智慧来解决环境问题。莫尔和索南菲尔德（2011）的生态现代化理论，寄希望于社会体制的变化以解决环境问题。Gille（2010）从垃圾问题政治化的角度，分析了垃圾治理在国家政治中的作用，并借鉴布洛维的"工厂政体"概念，提出了"垃圾政体"概念。

　　另一方面，欧美和日韩等发达国家具备了完善的法规制度以及城乡一体化治理模式、垃圾循环产业化等现代技术知识。如美国实施的垃圾公司深入农村和欧盟贯彻的市政当局主导–社区居民监督的管理方式，形成"源头削减–回收利用–焚烧回收能源–填埋处理"的处理模式（Messineo & Panno，2008）。Sobolewska（2008）提出农村地区引入垃圾税是农村生活垃圾源头治理的必要措施和城乡一体化的后果。西方学者也反思了城市向农村转移垃圾引发的环境不公正、垃圾处理的技术缺陷等非预期后果。如山本节子（2015）对日本以焚烧为主导技术的垃圾处理方式进行了批判和反思，提出非焚烧垃圾处理的替代方案。Baabereyir（2009）分析了同一个国家内垃圾从城市向农村、从较高阶层向较低阶层流动的社会现实和环境不公正问题。

（2）众多亚非拉等发展中国家的农村生活垃圾问题研究，主要集中在全球化与消费社会对当地的影响以及对农村生活垃圾处理困境的分析。一方面强调全球经济体系、消费主义弥散、加速城市化等社会变迁与结构转型的影响，且大多聚焦于农村生活垃圾治理的技术介入和组织优化。Bernardes 和 Günther（2014）针对巴西亚马逊地区探讨了农村生活垃圾的产生特征、垃圾构成和处置状况。Marshall 和 Farahbakhsh（2013）深化了对垃圾管理系统的分析，认为一个区域的垃圾管理系统是一个复杂适应系统，系统具有开放性、复杂性、自组织性、动态演化性等属性。另一方面也分析了农村生活垃圾治理中的基础设施欠缺、组织不健全以及不同类型治理模式的优缺点等问题（Astane & Hajilo，2017）。如 Anwar 等（2018）借助对埃及农村生活垃圾问题的研究，分析了集中化处理、分片处理和分散处理三种垃圾处理方式的优缺点及垃圾治理中的各种问题。Bel 和 Mur（2009）探讨了农村生活垃圾治理公私合作模式的优劣和应对之策。

## 三　中国农村生活垃圾城乡一体化治理的相关研究

面对垃圾污染的生态环境影响，加速治理农村生活垃圾和消除垃圾污染的环境危害，成为摆在国家与农民面前的紧迫性任务，也构成学术界热点议题。

农村生活垃圾城乡一体化治理作为我国政府自上而下推动的政策创新模式，是中国政府解决"垃圾围村"困境、推进生态宜居和美农村建设和实现农业农村现代化的重要举措和制度安排。例如，《国务院办公厅关于改善农村人居环境的指导意见》（国办发〔2014〕25 号）把"大力开展村庄环境整治"作为重点工作之一，目标任务为：到 2020 年，全国农村居民住房、饮水和出行等基本生活条件明显改善，人居环境基本实现干净、整洁、便捷。还提出"建立村庄保洁制度，推行垃圾就地分类减量和资源回收利用""深入开展全国城乡环境卫生整洁行动""交通便利且转运距离较近的村庄，生活垃圾可按照'户分类、村收集、镇转运、县处理'的方式处理；其他村庄的生活垃圾可通过适当方式就近处理"等农村生活垃圾治理工作和农村生活垃圾城乡一体化治理方式。《中华人民共和国国民经济和社会发展第十四个五年规划和2035年远景目标纲要》中也提出建设基于县域的农村生活垃圾分类系统。

当然，农村生活垃圾城乡一体化治理模式得到包括山东省在内的众多东部发达省份的政策倡导和实践运作，其提出用城乡环卫一体的方式处理农村生活垃圾。例如，山东省2014年颁布实施的《关于加强城乡环卫一体化工作的意见》提出的目标是：2014年，全省所有乡镇（街道）、村（居）建成配齐生活垃圾收集转运设施设备，建立环卫队伍，完善户集、村收、镇运、县处理的城乡生活垃圾收运处理体系，建立健全农村环境卫生管理长效机制，开展农村存量垃圾集中治理，基本实现城乡环卫一体化。2015年底前，进一步推进农村生活垃圾的减量化、资源化，全省农村生活垃圾无害化处理率达到90%以上，实现城乡环卫一体化全覆盖，农村人居环境全面改善。

在国家政策推动和群众美好生活要求下，东部地区整体上把"农村生活垃圾城乡一体化"作为一种政治要求和创新机制来贯彻和实践，其是应对农村人居环境整治短板和治理生活垃圾污染的良方，也是建设美丽乡村和打造美丽宜居村庄的有效方式。然而，与农村生活垃圾城乡一体化治理制度化及其政策实践的政府积极性与力量投入相比，学术界对此关心不够，并且分析相对薄弱。国内关于农村生活垃圾城乡一体化治理的研究主要涉及三个方面。

一是农村生活垃圾治理的必要性。农村生活垃圾治理既有建设美丽乡村、提升人居环境和生态文明建设的社会背景，也有农村"垃圾围村"及垃圾无序化处理带来环境污染、给农民的生产生活及身体健康带来重大威胁的现实依据（吴和岩等，2012；田松，2014；彭兆弟等，

2016；冯亮、王海侠，2015）。

一方面，基于我国城乡二元化现实和城乡环境统筹治理的制度基础，很多研究从城乡环境治理二元结构（洪大用、马芳馨，2004）、政府与市场"失灵"（胡双发、王国平，2008）、环境公民权与环境不平等（张玉林，2009；李德营，2015）以及城市生活垃圾向农村转移（王晓毅，2010）等多个维度，间接论证了农村生活垃圾城乡一体化治理模式的必然性与合理性。孙加秀（2008）针对农村的两类环境问题，即外源性环境问题和内源性环境问题，提出城乡统筹的生态环境研究视角。魏佳容（2015）基于可持续发展理论，分析了城乡生活垃圾统筹治理的困境，并提出城乡生活垃圾统筹治理的有效策略。张强等（2014）在大力提倡农村生活垃圾分类收集、增强农民的环保意识和发展清洁技术的基础上，提出了城乡一体化治理模式。

另一方面，学界既达成社会结构转型、农民生产生活方式变迁以及城市向农村转移垃圾是农村生活垃圾增量的三种机制的共识，也形成城乡二元结构、国家开发主义、政经一体化和文本实践论等中国环境问题的本土化解释理论（洪大用、马芳馨，2004；张玉林，2016；陈阿江，2012）。例如，王晓毅（2010）、李全鹏（2017）皆认为农村现代化、农业工业化的消极后果，农民过度消费的生活追求与对现代城市生活的模仿，以及城市生活垃圾向农村转移等现代性问题，是导致农村生活垃圾增量和"垃圾围村"的根本原因。Lai（2014）提出农村生活垃圾与卫生问题是一个城市-现代化与农村传统-土地二元对立的政治经济问题。杨金龙（2013）利用对全国 90 个村庄的调查数据，采用结构方程模型分析法，探讨政府管理、村域社会资本、个人因素与农村生活垃圾治理之间的内在关系。

二是农村生活垃圾治理范式与政策建议。坚持"技术-管理"范式的研究者，大多聚焦于垃圾处理、组织优化与资源化管理等技术性研究。例如，聂二旗等（2017）提出我国西部农村地区由于经济发展水平、人口分布、气候和地形等因素影响，总体上宜采用分类收集、源头控制、就地处理和集中处理相结合的方式。高海硕等（2012）提出为了实现各类垃圾的减量化、资源化、无害化，农村生活垃圾应该分类收集、分类处理，因地制宜地组合选用垃圾处理技术。例如，赖庭汉等（2015）基于多中心治理理论提出，突破当下农村生活垃圾处理依靠政府权威的单中心治理模式，需要建构起政府主导、市场参与、社区自治、村民积极作为的多中心治理体系。张静等（2009）基于对海南省琼海市某村的入户调查，分析了海南省农村生活垃圾产生的特征，提出实行村民付费的方式来解决生活垃圾的长期处理运行费用。何品晶等（2014）研究了村镇生活垃圾全集中和村镇县协同处理模式。赵晶薇等（2014）提出了基于"3R"原则的农村生活垃圾处理模式。

坚持"人文-传统"视角的学者，在质疑垃圾治理技术缺陷和农村生活垃圾清洁化倾向的基础上，提出深挖农村社会的地方智慧和传统知识的建议。吴金芳（2018）通过一个县域垃圾处理的历史分析，提出垃圾处理需要传统与现代结合的建议。陈阿江（2015）反思了农村生活垃圾一体化治理模式，提出在城乡一体化中坚持适度的"城乡分治"策略。张玉林（2016）提出农村环境碎片化治理，缺少农民的组织化参与的治理困境。夏循祥（2016）提出农村生活垃圾文化逻辑议题，认为随着市场化、城市化和工业化进程，科层治理、市场治理和网络治理都处于失灵状态，使农村生活垃圾发展为严重的环境与生态问题，提议知识治理能够为垃圾处理提供共享观念、行动格局和行动资源的本土化策略。

三是农村生活垃圾治理问题与模式反思。针对农村生活垃圾治理问题，各地方政府依据当地的社会经济发展水平、农村现实，对中央倡导的"户集、村收、镇运、县处理"的一体化模式加以微调，形成了带有地方特点和突出亮点的模式。如山东省推动的农村生活垃圾城乡环卫一体化加3R、社会资金等昌平模式；浙江推动的城乡环卫一体化加互联网、垃圾分类、村民收费等金华模式。针对农村生活垃圾一体化治理模式及其实践效果，有的学者对农村环境城乡一体化治理的模式、过程和效果进行了适当反思。张益（2015）对比了传统和新型的城乡一体化模式的异同、优劣。张英民（2014）、王莎等（2014）、申振东和姚恩雪（2018）、赵细康（2018）皆对农村生活垃圾的现状与处理模式进行了探讨，指出了村民环保意识欠缺、政府治理农村生活垃圾缺位以及垃圾治理体系不健全、二次污染等农村生活垃圾治理面临的诸多现实困境和运行障碍。另外，垃圾处理、垃圾填埋场选址等垃圾治理引发的农民抗争增加了社会治理风险。例如，罗亚娟（2013）、张金俊（2012）等学者分析了由农村生活垃圾填埋、焚烧等技术设施规划和城市生活垃圾转移等带来的环境抗争、邻避冲突等治理难题。

## 四　研究综述

已有研究高度关注农村生活垃圾污染问题以及倡导城乡一体化治理模式，为后续研究奠定了良好基础。但是存在以下三点不足：一是未把农村生活垃圾城乡一体化治理从城乡环境一体化治理体系中分离而加以研究，农村生活垃圾城乡一体化治理定位为社会性工程和应对策略，而非研究议题与分析性概念；二是基于城乡统筹的共识，当前农村生活垃圾治理过于强调农村生活垃圾城乡一体化治理的必然性分析，对农村生活垃圾城乡一体化治理实践的效果与存在问题缺少实证性考察；三是城乡一体化治理困境和对策的系统性分析不足，无论是问题呈现还是对策提出，都缺少一种整体性分析视角和全面化框架。所以，研究中国东部地区农村生活垃圾城乡一体化治理成效与问题，进而提出应对性策略和改进路径实属必要。

本部分拟从以下几个方面加以完善。

第一，系统化分析我国农村生活垃圾城乡一体化治理模式及其实践样态。城乡一体化背景下的农村生活垃圾治理是对农村生活垃圾处置的过程，更是城乡两种空间内不同的制度、文化与生活、服务模式等之间的交织、冲突与融合的过程。这就需要从环境社会学、城乡社会学等学科方向的交叉点出发，把农村生活垃圾城乡一体化治理作为分析概念，来增强农村生活垃圾治理的实践意蕴与理论导向。

第二，考虑垃圾治理制度与农村生活需求之间的实践间隙，并加以机制优化和路径破解。城乡一体化是我国城乡发展的基本战略，农村生活垃圾城乡一体化治理是城乡统筹、融合的直观表征。作为城市现代制度与生活产物的垃圾治理"下乡"，必然面临村庄环境、农村社会文化、民情习惯等不同于现代城市的面向。这就需要实现生活垃圾治理制度的农村契合，寻找其嵌入农村的社会基础，形成更具乡土色彩的生活垃圾治理模式。

第三，除强化农村生活垃圾的技术-组织化治理之外，还需挖掘农村人文资源、传统农业知识和农村生活传统。城乡一体化视域下的农村生活垃圾治理是借助具有现代化特征的垃圾治理技术-组织加以治理的过程，是对垃圾污染引发的环境问题与社会问题的治理。这就需要在农村生活垃圾清除、垃圾处理的技术-组织模式之外，对农村人文资源、传统农业知识和社区生活知识等文化主体性加以重新开发利用，把对垃圾的治理与对垃圾引发问题的治理加以融合。

# 第三节 研究意义、研究设计与研究方法

## 一 研究意义

### （一）理论意义

一是构建农村生活垃圾城乡一体化治理的理论概念和研究议题。城乡关系长期以来就是社会学研究的重要问题和理论议题。针对中国环境问题的事实，应当立足于经验研究，在此基础上去建构本土化的理论解释框架（林兵，2017）。从城乡二元分割到城乡一体化、城乡融合的转型与发展，涉及城乡二元、城乡统筹、城乡一体化和城乡融合等不同阶段和概念分析。其中，伴随城乡关系转型和中国城市化进程推进，城乡服务一体化或城乡公共服务均衡化，是发展的现实和目标。城乡环境一

体化在逐步构建一种城乡环境服务均衡化的服务模式，但是城乡环境服务一体化是一个包含诸多维度、阶段和侧面、机制的体系。学界在运用城乡环境服务一体化时，往往更多将其作为一个统合概念，而未对其复杂内涵和多维侧面加以分解。本书意图把农村生活垃圾城乡一体化治理从城乡环境一体化治理体系中分离，以此来凸显农村生活垃圾城乡一体化的理论意蕴，建构一种新的环境社会学研究议题与分析概念。

二是为国家与社会、制度与生活等社会学相关理论，提供新的研究路径和分析视角。"小垃圾，大问题。"农村生活垃圾治理问题是涉及民生的政治问题，也是关涉基层稳定的社会问题，更是关系到生活环境与美好生活感受的环境问题。自然、社会与人的关系以及生活、生命、生产、生态的"四生"问题，围绕垃圾而产生关联，通过垃圾治理把城乡关系、地方政府运作、制度与生活、国家与社会关系等社会学理论视角勾连。可以说，农村生活垃圾治理是社会学理论分析的重要节点之一。因此，本书力图借助农村生活垃圾治理这一载体，为城乡关系、地方政府运作和国家与社会关系等社会学理论提供新的研究路径，亦能够深化农村人居环境治理研究和重塑农村生活垃圾治理框架，丰富环境社会学理论和促进理论本土化。

（二）实践意义

第一，农村生活垃圾污染是阻碍乡村振兴、美丽中国建设和生态宜居村庄建设的环境短板，也是破坏群众生活环境和自然生态的主要污染源之一。为此，中央政府与各部委也都明确提出农村生活垃圾治理的要求和任务目标，把"村收、镇运、县处理"的处理模式看作一种解决农村生活垃圾问题的有效方法。但是农村生活垃圾城乡一体化治理更多被当成一种实践模式，其内在的治理逻辑、实践成效与问题、制度的非预期后果等都需要加以思考和分析。因此，本书的研究可以为推动我国生态文明建设、美丽乡村建设和乡村文明行动落地、打赢防污攻坚战，提供有力的实践经验和针对性意见。

第二，中国东部地区经济较为发达、社会服务体系较为完整、城乡融合更为密切，具备了城乡环境服务一体化的基本条件和财政支持。农村生活垃圾城乡一体化治理是城市卫生服务体系下移到农村和农村生活垃圾治理逐渐上移至城市两个过程的联结。这就需要对城乡生活垃圾治理互动的两个过程及其内部之间的阶段性加以衔接；再加上农村生活垃圾治理蕴含源头分类-中间清运-末端治理等不同阶段的互相融洽，在具体实践农村生活垃圾城乡一体化治理中，就需要更为细致地进行操作。而且东部省份的具体实践也面临农民参与性不高、政府资金支持不可持续、政府-市场-社会治理结构失衡等困境。因此，本书可以为东部地区城乡环卫一体化的实践细致化、机制长效性和运行优化等，提出政策性与制度化建议。

## 二 研究设计

借助已有农村生活垃圾治理研究成果和理论工具，主要以东部地区的山东省和浙江省为调查区域，具体的调查地点主要有：（1）从山东东部、中部和西部三个区域选择青岛市 X 镇、临沂市平邑县、济南市 W 村、滨州市 S 村、淄博市 D 镇，共计 5 个调查点，涉及 5 个县区 8 个镇 10 个村；（2）在浙江省的调查主要在金华市的东阳市、安吉县两地开展，涉及 3 个镇 5 个村；（3）选择临沂市的平邑县、费县等地的村镇调研农村生活垃圾治理实践。

本书的调研时间主要集中在 2017 年、2018 年和 2019 年的寒暑假，2020 年暑假、2021 年暑假在临沂、泰安等地做了补充调查。

表 6-1 研究进度

| 调研时间节点 | 调研地点 | 调研内容 |
| --- | --- | --- |
| 2017 年寒假（1 月 15 日至 2 月 1 日） | 临沂市平邑县、青岛平度市 | 课题组成员及本科学生共计 8 人，分别到临沂市平邑县 K 村、X 村和青岛平度市 X 镇，就农村生活垃圾污染及治理问题进行调研 |
| 2017 年暑假（7 月 8~20 日） | 济南、滨州、 | 课题组成员 5 人到济南 W 村、滨州 S 村，就农村生活垃圾污染及治理问题进行调研 |

续表

| 调研时间节点 | 调研地点 | 调研内容 |
|---|---|---|
| 2018 年寒假（1 月 20 日至 2 月 9 日） | 临沂、淄博 | 课题组成员分别赴平邑县 D 镇和淄博 D 镇，调研农村生活垃圾污染及治理问题 |
| 2018 年暑假（8 月 5~18 日） | 浙江东阳、安吉 | 课题组成员 3 人到浙江东阳、安吉调研 |
| 2019 年寒假（1 月 9~15 日） | 临沂 | 课题组成员及学生 7 人，赴临沂 T 镇、W 镇调研农村生活垃圾治理实践 |
| 2020 年暑假/2021 年暑假 | 临沂、泰安、潍坊、聊城 | 利用寒暑假时间，带领学生到临沂、潍坊等各地农村开展农村生活垃圾治理情况调查 |

本书从相关调查点城乡环卫一体化以及"村收、镇运、县处理"的已有做法和实践入手，在区分农村生活垃圾与农村生活垃圾问题的基础上，分析农村生活垃圾城乡一体化治理模式的形成背景、实践逻辑和运行机制；总结山东省农村生活垃圾城乡一体化治理的有效经验，提炼深层次问题，并提出治理对策。具体技术路线如图 6-1 所示。

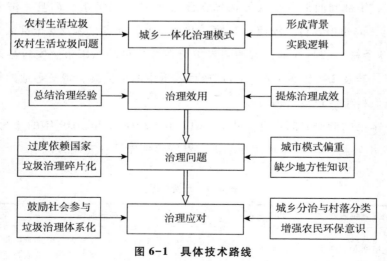

图 6-1　具体技术路线

## 三　研究方法

深度访谈：通过对山东省、浙江省调研地点的村民、村保洁员、村干部以及县乡政府工作人员和企业负责人的深度访谈，把握农村生活垃圾治理相关行动者的意见与看法，共计访谈了 100 多人次。

参与式观察：深入农村生活垃圾治理的投放、收集、运输和处理现场，感知农村生活垃圾治理过程与日常运作。借助课题负责人、参与人以及相关课题组学生参与人集中调研和寒暑假时间，深度运用参与式观察，重点观察村-镇-县三级垃圾治理过程，从村民产生的生活垃圾数量和种类、村内垃圾桶设置以及垃圾运输车的使用情况到乡镇垃圾中转、垃圾运输和县一级的末端处理，每次观察都做好记录，便于以后整理和分析。

案例分析：以媒体报道和山东省、浙江省基层政府总结为资料，结合田野调查的资料，深化和完善农村生活垃圾城乡一体化治理图景。研究人员收集了有关农村生活垃圾治理的文件、考评通报、工作简报等作为文本分析对象。另外，还通过网络、报纸等获得东部其他省份有关农村生活垃圾治理的材料作为补充，

比较研究：总结东部省份不同地区、不同县乡的经验与问题，对不同村落的治理模式进行差异化研究。


# 第四节　相关理论


本书以农村生活垃圾治理为研究对象，力图把治理客体——生活垃圾"物"与治理主体——行动者"人"融合起来，在城乡不断融合的背景下，实现农村生活垃圾的科学化、系统化治理与农村人居环境的优美宜居。本书涉及的理论很多，在此主要论述城乡一体化理论、治理理论、制度-生活分析视角，对较多涉及的国家与农民关系、环境公民权、消费主义、人居环境、生活方式等相关理论不再赘述。


## 一　城乡一体化理论

城乡关系是国内外社会科学研究的重要范畴和理论议题，城乡一体

化是城乡关系发展到一定阶段的必然结果，是解决城乡二元分割和城乡不均衡问题以及迈向城乡融合发展，构建新型工农城乡关系的必然措施。城乡一体化理论是对城乡关系实践的理论总结和学术提炼。

国外城乡一体化理论的形成和发展是以社会生活实践与西方城乡关系不断演变为基础的，是多学科共同研究和学术积累的结果。西方城乡一体化理论经过了 20 世纪 50 年代前的雏形期、50~70 年代的探索期、70 年代的理论分化期和 80 年代的理论建立期（秦高炜等，2017），形成了以马克思主义者为代表的城乡无差别化、空想社会主义和以麦基为代表的城乡融合、以刘易斯为代表的以城带乡、以霍华德和利普顿为代表的以乡促城等城乡一体化发展模式（李瑞光，2011）。国外的城乡一体化理论有经济学、政治学、社会学等诸多学科的交叉性研究，学科的学术差异和研究焦点不同导致其对城乡一体化及其理论的理解存在差异，但是也存在三点一致性假设。一是前提的一致性：城乡割据的问题意识。城乡一体化理论的提出多以城乡分割作为研究的前提条件和现实基础，这构成了所有城乡一体化理论的现实观照和问题指向。二是价值导向的一致性：以城市为中心。国外的城乡一体化理论就其实现路径与价值立场而言，大多是以城市为中心，视城市为现代、资源、信息集中区，把农村看成落后和传统的代表。三是结果的一致性：实现城乡融合。大多数的研究结论与理论导向认为，城乡一体化的结局就是实现城乡融合，实现城乡无差别。

国外的城乡一体化理论为研究我国城乡一体化实践关系奠定了理论基础，但也存在本土化适应问题（程志强等，2011）。当然，发展中国家的城乡一体化问题得到西方学者的关注。就我国城乡一体化理论而言，在城乡二元分割的现实基础和国家城乡融合政策导向上，也得到大量的研究（晁玉方等，2016），逐渐从单纯的经济、工业一体化趋向于社会、经济、文化、地理、生态的多维一体化。城乡一体化是我国经济、政治、社会和文化发展到一定阶段的必然产物，也是对城乡发展不协调和城乡融合不畅的一种战略性回应，是对我国以农业全面支持工业的赶超型发展战略和以户籍制度为核心的城乡二元结构的社会现实政策应对。虽然不同学者对城乡一体化的解读略有不同，但是学界达成的共识是：城乡一体化的实质就是破除城乡二元结构的体制，通过城乡一体化建设，激发农村发展活力，缩小城乡差距，促进城乡融合和共同繁荣。与此同时，城乡一体化的价值指向和理论旨趣，在一种结构性和权利论的视角下，力图达成权利平等、社会和谐的经济社会体制和社会氛围。这也提示我们，需要关注农业绿色发展、农村社会发展、农民美好生活"三农"问题的权利、正义和公平等方面的议题（参见赵树枫等，2001；姜作培，2004；杨培峰，1999；石忆邵，2003）。

仅就社会学系学科研究范畴与学科价值而言，城乡一体化是指打破城乡分割壁垒，达成城乡生活相互融合与协调，实现城乡权利对等。因此，本书在坚持城乡权利对等和关系融合的立场下，对城乡一体化理论的运用涉及两方面。一是城乡生态环境一体化。把城乡看成一个整体生态系统，而非两种截然不同的环境系统与生活空间，是一个不可分割的生命共同体、生态系统。二是城乡环境公共服务一体化。环境治理保护与环境公共服务应该是城乡均等化与同质化的，而非区别对待，城乡之间的环境服务、公共设施与治理技术、组织建设、制度制定等都应该是同步和一致的。例如，东部诸多地区实施的城乡环卫一体化工程，是将城市与农村的环卫工作放在同等重要的位置，经过统一规划和安排，科学有序地开展环境卫生治理。按照以城带乡的农村生活垃圾治理原则，即推动城市环卫设施、技术、服务向农村延伸，加快农村环卫工作纳入城市环卫体系一管理的速度，提高农村环卫工作水平和效率，是当前东部地区农村生活垃圾城乡一体化治理的主要实现形式。

## 二 治理理论

治理一般被认为是西方舶来词，最早于 1995 年在全球治理委员会中提出。但治理是一个含义复杂的概念，有多种理解，中西方文献、传统与现代社会都有诸多使用和论述。中国传统意义上的治理更多的是在统治、管理、修理等意义上使用，是一种权力不对等、附属关系的国家自上而下的运作机制和目标达成方式。例如，《荀子·君道》："明分职，序事业，材技官能，莫不治理，则公道达而私门塞矣，公义明而私事息矣。"《汉书·赵广汉传》："壹切治理，威名远闻。"古代文献对治理一词的使用，都是在统治这一特定意义上。西方意义上的治理跟中国传统意义上的含义有很大区别。治理（governance）是 20 世纪 90 年代以来西方学界针对国家传统统治弊端和市场失败而提出的强调国家与社会双向互动的权力概念，其核心在于利益调和与主体合作。罗伯特·罗茨（Rhodes，1996）认为治理意味着统治的含义有了变化，意味着一种新的统治过程，意味着统治的条件已经不同于前或是以新的方法来统治社会。

学术界一般在两种情境下使用治理。一是不同利益主体的关系调和与对某一事务共同管理的过程。塞拉蒙（Salamon，2002）认为，治理是超越公与私二元结构、实现社会网络体系化的策略创新。罗茨（Rhodes，1996）把治理看作一个涉及全新的社会统治、控制方式转型的进程，并从六个相对独立的角度对治理进行了说明。他认为治理就是自组织网络的合作，这种自组织网络就是公共、私人和志愿者组织的复杂混合。二是在国家、市场之外的领域实际存在一种"自组织治理"的状态。这种自组织治理空间与秩序生成状态是一种不同于国家权力运作与市场供求关系的行动系统，它遵循一种以互助、互惠、习惯等为标志，被学术界称为自治机制的运行法则。所谓治理机制或者自治逻辑早已得到广泛应用，总有些问题使人们认为自组织治理是一种最"自然"的协调方式；有些相互依存形式不适于以市场机制和自上而下发号施令的方式进行协调（俞可平，2000）。关于治理达成了这样一种共识，即它之所以发挥作用，是依靠多种进行统治的以及互相产生影响的行为者的互动（斯托克，1999）。

治理体系是一个涉及治理理念、治理主体、治理目标、治理机制等内容的复杂系统，其本质上是治理体系与治理能力的结合。作为一种体系，包括不同主体、各种制度、各项事务等结构性安排；作为一种能力，是过程的合作与结果的达标的统一。本书对治理的使用，是基于物（垃圾）与人（行动者）的互动过程中，对垃圾处置与主体互动的动态表达。本书主要从两个层面加以分析。一是垃圾治理。主要指通过生活废弃物的使用过程与用途改变、物理形态变化、多样处理方式等，达成对生活废弃物的价值再造、能量转换与定点清除等目的，进而达到垃圾处置的生态、社会与经济效益的三合一目标。二是治理垃圾。这是生活废弃物处置进程中，多主体、多方法、多制度等合作、融合的过程，既涉及不同主体之间关系模式的改变与合作模式的生成，又指向单一主体思想、理念与行动的改变。

### 三 制度-生活分析视角

基于国家-社会分析视角过于笼统和宏大，无法对社会变迁的动态化与日常生活的真实性进行有效分析，中国学者开始尝试用制度-生活分析视角来把握中国社会变迁与日常生活实践。最早提出此概念的李友梅等（2011）论述道：国家与社会范式无疑为人们认识现代社会中的运行逻辑提供了一个很好的视角，但其预设国家与社会二元对立及结构互动的理论基础决定了其不足以从中观和微观层面切入社会变迁研究，进而对日趋开放、复杂的社会生活做出贴切回应。正是基于此，我们努力将理论分析的重心从宏观的结构分析层面适度下移到中观的制度与生活层面，试图对动态的、多维互动的社会生活变迁机制做出更为敏锐的反映。制度-生活分析视角为研究中国社会变迁与社会问题提供了有力的工具。主要原因在于，制度-生活分析视角作为一种概化的理论构成与结构性的关系生成，既有抽象的理论内涵与研究外延，又有具体化的分析指标、实践内容可以加以细化。如同肖瑛（2014）所指出的：制度指以国家名义制定并支撑国家的各个层级和部门代理人行使其职能的正式制度；生活指社会人的日常活动，既包括各种权宜性生产的利益、权力及生活策略和技术，又指涉相对例行化的民情和习惯法。制度与生

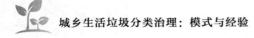

活虽然具有不同的运作逻辑，但是两者时刻处于互动与互相影响进程中。一方面，制度可以为生活指引方向，以塑造生活为目标；另一方面，生活可以配合、改变、扭曲甚至抗衡制度影响，进而带来制度自身的变迁。基于制度-生活分析视角的简单论述，本书主要从两个方面对其加以利用。一是分析视角的借鉴。在制度-生活分析视角下，考察代表制度一方的农村生活垃圾分类制度、国家垃圾治理目标与基层政府及其代理人，与代表生活一方的农民、农村生活及其传统、民意等，如何就解决农村生活垃圾问题形成结构性关系。二是制度与生活互动的过程与结果。在制度与生活动态关系之下，考察农村生活垃圾及其治理在制度范畴与生活空间的不同认知、多样化应对方式以及结果的差异性等。

# 第七章

# 农村生活垃圾城乡一体化治理的必然性

农村生活垃圾污染严重影响了农村社会生活、生态环境和人民群众的身体健康，引起学界和政府的极大关注。但是，伴随着农村生产生活现代化、城市化与工业化推进，农村生活垃圾不断增量以及成分变化多样，村庄原有的垃圾处理模式不能完全清除农村生活垃圾，也无法消除农村生活垃圾污染影响。如何适应农村生活垃圾成分复杂化、几何式增量与原有处理模式落后等新问题、新形势，创新农村生活垃圾处理模式，成为摆在政府面前的民生问题和社会问题。如果说农村生活垃圾污染问题化是一个污染事实和认知建构结合的过程，那么农村生活垃圾治理就是一个国家、市场、社会与村民等不同主体合作的实践过程。城乡融合的现实背景和国家统筹推进城乡一体化治理战略下，农村生活垃圾城乡一体化治理模式之所以得以构建和推广，既有一个客观的发展过程，也是农村环境污染倒逼的必然结果。

## 第一节　农村生活垃圾成分与治理方式
## 转型：历时性的考察

农村生活垃圾生成及其成分变化深受城市化、工业化、全球化和现代文明、消费主义、生产生活方式变迁等结构性因素的影响；而农村生活垃圾问题的建构与城乡环境治理二元结构、中国环境恶化与发展不均衡以及"垃圾围村"、全社会环保意识增强等社会事实相关。农村生活垃圾治理是一个蕴含"治理什么""谁来治理""如何治理"等内容的多维体系，而农村生活垃圾治理体系及其实践，也需要一种情景化和历时性的考察。

## 一 农村无垃圾：农村生产生活废弃物的循环利用

传统农业社会生产生活方式的延续、勤俭节约的国家道德倡导与农民内在生活规范，构成农村集体化时期生产生活废弃物得以循环利用的推动力。把农村生产生活废弃物充分利用起来并实现其最大的利用价值，不仅是一种生活态度、价值倾向和政治选择，而且关涉农民自身的生活安排与生计来源，更是传统有机农业社会固有的生产生活模式。而农民对生产生活垃圾的充分利用和循环使用，使生产生活废弃物与农村社会的生活、自然之间达成某种均衡流动和相对资源均衡，农村生活垃圾充分融入村民生活和自然环境中。① 农村生产生活废弃物不是问题，只是农民生活实践中必须面对的生产生活副产品和可以加以利用的另类生存资源。

一是得益于传统农业生产过程的有机性和农民自给自足、开源节流、勤俭持家等"过日子"的传统习惯，垃圾与社会、自然三者可以相对均衡流通。在传统条件下，农村生活垃圾中主要成分多用作畜禽饲料，有的则被回田或回收，故垃圾总体产生量很少，对环境产生的影响也较小（武攀峰等，2006）。农民的生产生活废弃物不但得以多次循环利用，使之内嵌于村民生产生活过程中，而且能借助自然的物理化学反

---

① 集体化时期农业生产方式和政治运动给中国农村环境带来负面影响和生态灾难，一直是环境社会学的主流观点［参见易明的《一江黑水》、Judith Shapiro 的 *Mao's War Against Nature：Politics and the Environment in Revolutionary China（Mao Tse-tung）* 等相关文献］。但是，在宏大叙事和国家政治之下，集体化时期农民的日常生活因物质缺乏而与国家倡导的勤俭节约和艰苦朴素的道德要求达成合意，带来了农业生产生活废弃物循环化处理的亲环境行为。

应充分溶解，将生产生活废弃物融合进农村社会的生产和自然世界循环进程中。这种代谢循环模式的生产生活，一直被看作农村生态环境保护和可持续发展的关键（王婧，2017）。众多村民的回忆和生活经历显示，垃圾融入自然与社会的表现有：人畜粪便、秸秆等农作物废弃物可以转化为有机肥料用于农业生产，旧衣服反复利用，厨余垃圾用来喂猪等。山东 W 村李姓村民说："以前旧衣服、鞋子等都不是垃圾，这些都是大的不穿了留给小的，反复修补，真的是新三年旧三年缝缝补补又三年地利用呀。还有牲口的粪便都是很好的肥料。再说了谁家要是浪费，乱扔东西，别人会笑话，（说他是）败家子，不但邻居指指点点，有的连儿媳妇都不好找。"

家庭是否会充分利用生产生活废弃物不仅跟传统农业有机耕作和农业农村现代化水平相关，而且受到农村道德、家庭评判、传统文化规训以及农村社会人际关系的制约。农村社会中能做到物尽其用和勤俭节约的家庭和个人，被当成勤俭持家的榜样和会过日子的能手，往往能在农村社会关系与人际关系中获得较高评价。农业生产过程与农民生活实践的有效联结，使生产生活废弃物不仅在农民日常生活中实现再利用和循环使用，还可以最后溶解进自然和农业生产进程，更带有社会道德含义和社会关系评价功能。

二是受制于中国社会发展基础薄弱、农民家庭生活艰难的现实和勤俭节约、艰苦奋斗的革命传统与废物再利用的政治倡导，充分且循环利用生产生活资料成为当时农村社会主流的生产生活方式以及考察个人政治态度和阶级取向的标准之一。W 村 80 多岁的杜大爷，谈起以往的日子，颇为感慨地说："以前都没有啥垃圾问题，人们想的就是怎么活下去，啥东西都用起来，你看以前的草木灰、烂砖瓦块都拿来修屋，以前都是土坯屋，一点点砖都是好的。破布一点也不让它剩下，纸还都让它成窗户，鸡屎、猪屎、牛粪这都是肥料。再说了那时候即使有东西也不敢浪费啊。国家天天喊着要艰苦奋斗、勤俭节约，村干部和邻居也都互相看着，那时候浪费就是犯罪啊！"

集体化时期，偏重生产而轻视消费、偏重重工业积累而倡导低消费的国家制度安排和社会现实，鼓励节衣缩食和勤俭节约，国家甚至把超出生存需要以外的消费政治化和道德化。"消费什么、消费多少和如何消费，在很大程度上受到国家有关消费的制度安排的影响。"（王宁，2001）国家意识形态和政治价值倡导与农民自身的生活现实和生活风尚具有内在的一致性，勤俭节约与物尽其用的生活实践在国家与农民两者之间达成了"合意"。更加有效地实现农业生产生活废弃物的再利用和循环使用并物尽其用，是一种生活能力和道德要求，更是体察政治立场坚定和道路正确性的表征。生活需求与国家政治倡导之间的合意，不仅有生产生活资料缺乏的现实和艰苦奋斗、自力更生等革命道德价值的思想联结，也受到基层政府及其代理人甚至村民群体内部的监督。

## 二 垃圾问题：农村现代生产生活方式的环境风险

农村集体化时代的结束、社会经济改革、家庭联产承包责任制的实施以及城市化与工业化推进等社会结构性力量，给农村、农业与农民带来了巨大变化。譬如，国家及其乡村代理人在农村社会的影响力和组织能力弱化、化工产品对传统农业生产资料的替代及其滥用、农民生活水平与消费能力提高以及个体化意识增强等。农村社会结构的全面重构及其新生关系，对农村生活垃圾及其问题生成产生了深刻影响。这种农村生活垃圾无法在农村场域内和原生态系统中处理的农村现实，是中国现代化进程中消费主义、工业化和城市化、农村社会个体化等社会结构力量复合形塑的结果。

一方面，伴随社会经济改革、农村去集体化以及家庭联产承包责任制的实施，基层政府及其代理人不仅把工作重心从政治斗争转向经济发展，而且逐渐放松了对农村社会的监管和压缩了自身介入空间，农村社会自主权增大。而以家庭为中心的社会行动单元和以个体为中心的中国社会个体力量在农村社会并行不悖（贺美德、鲁纳，2011），又对农村社会传统的地缘血缘亲和力与国家渗透到农村的组织力量造成冲击。国家力量在农村众多公共服务事务中的逐渐后撤和农村社会自我组织力量的式微，都对农村环境治理和农村生活垃圾处理问题产生了负面影响。W村退休老支书说："分田到户之后，各人干各人的。都奔着钱去了，谁还管垃圾这些小事。以前乡里和村里都带着大伙一起弄水渠、修堤坝，路上有秸秆啥的村里也组织清理。现在不行了，垃圾到处扔，只要别扔在别人家里就行。村里人就是把垃圾随便丢，反正也没人管。早的时候庄北边的沟里还有南边湾里扔的都是垃圾，剩菜剩饭、小孩尿不湿、塑料袋、旧衣服，反正啥都有。只要家里不需要的都扔了，都觉得放在家里难看，就扔到外面。"（2017-7-18）

另一方面，随着农村经济的发展和村民生活水平的逐步提高，大量工业产品和生活消费品进入农村社会，使村民生产生活中垃圾种类和数量逐渐增多。而且伴随着城市文明、市场逻辑与现代化生活方式、消费模式向农村社会的渗透，村民的生产生活方式及思想观念发生了变化，很多物品被当作垃圾随意丢弃，农村生活垃圾成为村民生活困扰和自然界负担。承载着现代化、高生产力和新技术的化工产品以及化肥农药等生产生活资料和"绿色革命"的强大武器，既得到国家社会的推广、科学的验证与农民的迎合，也给传统生产生活资料的替代带来了难以弥合的环境问题。王晓毅（2010）在谈论农村环境持续恶化时曾提到，在农村几乎是没有垃圾问题的，但随着工业产品进入农村，每个村庄都开始面临垃圾的严重威胁。譬如塑料袋、玻璃瓶等工业产品在方便生活和逐渐代替传统生活用品的同时却难以在自然中消解，而化肥代替粪便成为重要的生产资料，粪便从珍贵的肥料转变为肮脏的废弃物。原有的农村生产生活废弃物因不能被合理利用而遭到丢弃，塑料袋、玻璃瓶等工业产品也构成农村新型垃圾。浙江A村妇女主任彭大姐说："现在生活好了，人也有钱了，就感觉不到是浪费了，大家都这样。馒头硬了就当作不能吃，扔了，更别说剩菜剩饭了。以前谁家有个红白喜事，都抢着去坐席，剩下的饭菜，现在谁还要啊，都嫌脏，又不喂猪，都扔了。再说家里的衣服，你看看村里的垃圾桶，到处都是。很多衣服还能穿

的，就是不合潮流落伍了，崭新的都扔了，怪可惜的。"（2018-8-10）

当下农村生活垃圾与传统农业社会垃圾在成分构成、数量与处理逻辑等方面有天然的差别。农村工业化与科学技术的发展把化学品、化工产品带到农村家庭生活，又无法在农村原有垃圾处理体系内将其消解。传统农业社会那种垃圾与社会、自然三者相对均衡流通的日常生产生活实践被阻隔和分裂。农业生产废弃物不能回归原有的农业生产系统和自然生态体系，农民生活废弃物也不再被有意识且有效地加以再利用的"代谢循环断裂"（福斯特，2015），是现代社会生态环境破坏和农村生产生活废弃物的垃圾化过程。与此同时，农村社会又形成了新的就是好的、互相攀比和高产出高消费的思想意识和生活样式，使垃圾持续不断被制造出来，将农村生活垃圾丢弃于农村公共空间，已成理性化农民最为常用和方便的处理方式。再加上农村生活垃圾处理设施、处理意识和处理能力等相对薄弱，阻隔了农村生活垃圾自我处理的能力和意愿。农村生活垃圾不能被农业生产和农民生活循环利用，也不能重回大自然的化学分解过程中，垃圾成为农村社会多余和无用之物。

## 三 垃圾上移：城乡环卫一体化的农村实践

伴随农村"垃圾围村"的现实与垃圾污染危害的逐步显现，如果仍旧单纯采取农村生活垃圾自我消化的放任型处理或传统型农村生活垃圾治理模式，既不能减少垃圾存量，也无法消除垃圾污染的环境影响，迫使国家重新介入农村环境事务和担负起农村生活垃圾问题的解决。在东部发达地区，随着城市化推进和城乡一体化进程加快，实施"城乡环卫一体化"名义下的农村生活垃圾城乡一体化治理模式，成为政府治理农村生活垃圾的必然选择。这种农村生活垃圾处理模式具有较为清晰的实施空间和运作方式，即在经济较为发达的东部地区或者经济发达、交通便利的部分城市化较为充分的村庄，实施农村生活垃圾"户集、村收、镇运、县处理"的处理模式。农村生活垃圾城乡一体化治理即城乡一体化及其价值目标在环境服务领域内的体现和社区实践，是为解决城乡二元环境治理模式问题的政策应对，也是国家公共服务下沉到社区和城市环境服务模式延展至农村的职能所在和政治需要，且深受农村生活垃圾污染严重和处理能力较弱的双重现实倒逼。

自 2015 年起，山东省开始全面实施城乡环卫一体化工程，集中处理农村生活垃圾和解决农村生活垃圾问题。例如，W 村落实和实践城乡环卫一体化的垃圾治理模式，对农村生活垃圾治理体系进行整顿。一开始是上级领导下达指令，要求进行这种模式的改变，每个村都指派一些人作为清洁工分队的小组长，每个小组长分管一片地方的垃圾监管和治理，镇上建有垃圾中转站，对垃圾进行压缩后统一运往县里的垃圾处理厂对垃圾进行填埋、焚烧、发电等处理。农村生活垃圾治理把美丽乡村建设作为目标，其实质是落实共建、共治、共享的治理理念，实现广大农民平等参与现代化进程、共同分享现代化成果的目标，其背后的终极价值就是真正维护和实现农民生存乃至全面发展的权利。城乡环卫一体化的农村生活垃圾治理模式，借助村内垃圾日清日运的清洁要求以及加强对村外公共区域的垃圾治理等有效举措，不但在一定程度上实现了美丽乡村建设目标，而且保持了乡村的美丽面貌和清洁容颜。

农村生活垃圾城乡一体化治理所表征的不仅是垃圾治理模式转换和城乡关系转型，其背后还蕴含着国家与农民在垃圾处置等"公-私"混合地带的关系重构及其权利与义务的逆转。在实施农村生活垃圾城乡一体化治理之前，农民不仅跟垃圾的产生、处置和影响等问题完全捆绑在一起，带有垃圾的制造者、受害者和处理者的整体性角色特征，而且其垃圾处置也深嵌农村熟人社会、地缘血缘关系之中和社区道德压力之下，导致农民行为在社区生活空间内具有他者与自我双重约束性。农村生活垃圾城乡一体化治理推进和国家介入农村生活垃圾处理事务，是想借助国家-市场-社会的合作机制以及政府、企业、社区和农民等多元力量达成农村生活垃圾治理的目标。

总之，集体化时期，国家物资不丰富的社会现实，高积累、低消费的制度设置，以及勤俭节约的价值倡导、传统有机农业的生产方式，与农民"过日子"的生活逻辑、勤俭家风、集体主义思维等文化习俗实现了生活化联结，导致农村生产生活废弃物被循环利用和农村生活垃圾被有效处理。当政府忽视对农村环境与农村生活垃圾的治理时，村民无法独自承担农村生活垃圾及其污染问题的解决，加剧了农村生活垃圾问题的生成和垃圾污染的生态难题；而当国家重新介入农村环境治理和垃圾处理事务时，农民又把垃圾问题定位为国家事务和公共问题，自身却从农村生活垃圾治理体系中抽身和脱嵌，缺少农村环境治理责任和垃圾处理意识。

## 第二节　城乡一体化治理：农村生活垃圾治理的现实选择

农村生活垃圾被纳入城市生活垃圾治理体系是解决农村环境系统污染与治理碎片化矛盾的有效方式，也深受农村生活垃圾污染严重和农村生活垃圾处理能力较弱的双重现实倒逼。虽然我国的环境治理政策经历了"从重点治理到全面治理再到复合型治理"（张萍等，2017）的历史变迁，治理效果凸显、生态环境明显改善，但是我国生态环境保护结构性、根源性、趋势性压力总体上尚未根本缓解，农村环境仍面临系统污染和治理碎片化之间的矛盾、农村生活环境现实与农民对优美生活环境需要之间的矛盾。这种双重结构性矛盾在农村生活垃圾污染及其治理上的体现就是：如何通过治理垃圾来消除垃圾污染的生活环境影响。与此同时，城市化及其影响向纵深推进，不但改变了农村的生产生活方式，而且城市向农村转移垃圾带来的环境不公，也需要通过农村生活垃圾城乡一体化治理而达成城乡环境一致化、环境公民权平等化。

农村生活垃圾城乡一体化治理既是国家公共服务下沉到农村社区、农民家庭和城市环境服务模式延展至农村的职能所在和政治需要，也是国家倡导的共建、共治、共享社会治理格局的直观表征，更是城乡环境服务一体化的农村生活垃圾治理实践。《国务院办公厅关于改善农村人居环境的指导意见》（国办发〔2014〕25号）中提出农村基础设施建设和城乡基本公共服务均等化即"逐步实现城乡基本公共服务均等化，推进城乡互补，协调发展"，并规定"推行县域农村生活垃圾和污水治理的统一规划、统一建设、统一管理，有条件的地方推进城镇垃圾污水处理设施和服务向农村延伸"的城乡一体化治理目标。因此，实施城乡环卫一体化或者把农村生活垃圾纳入城市生活垃圾治理体系，是山东、浙江等东部众多地区不得已的最优选择，也是改善农村人居环境的必然选择。

## 一　垃圾问题是一个现代化难题

垃圾是人类生活的伴生物，自有人类生活的痕迹，就有人类废弃物存在。进入现代社会以前，人类对自然环境的攫取主要通过直接使用、食用和简单化的加工两种方式，如采集果实、猎取动物、采煤掘金，以及造纸、烧制陶瓷等手工业。这两种方式虽然对人与自然关系的影响有差别，但是它们对自然环境的影响都在可控的范围内。人类社会仍处于自然环境的支配之下。人类对自然的影响相对较小，即使有破坏性行为和人造工程，也在小范围和相对可修复的程度。而伴随着现代社会科技知识的发展和民族国家的建立，人类征服、利用自然的能力极大地增强，自然及其资源被人类看作可以增值或利于生产生活的手段，人类与自然之间的关系从相对和谐走向绝对失衡。垃圾问题如同其他环境问题一样，是人与自然交恶的结果。"当垃圾既不是我们生态系统的组成部分，也不是我们社会系统的组成部分，走向居民生活的对立面，成为难以解决的社会问题。"（陈阿江、吴金芳，2016）垃圾问题伴随着现代社会人类对自然征服方式多样化和使用手段现代化、科技化而来，更是现代社会生产资料现代化与生活资源丰富后，人类逐渐远离自然、抛弃自然的后果。

环境社会学又是如何看待垃圾问题或垃圾污染的环境问题的成因的

呢？寻求环境与社会之间关系或者二者互相影响的结构主义视角，力图呈现一种问题的客观性或者作为互相关联的环境与社会之间的不可分割。正如霍克斯（1997）所说："在任何情境中，一种因素的本质就其本身而言是没有意义的，它的意义事实上由它和既定情境中其他因素之间的关系所决定。"进入现代社会之后，人类的行动能力提升，对自然界的控制力增强，人类与自然界的关系发生了深刻的变化。这就带来了两方面的显著变化：一是人类对自然界的控制力增强，人类完全凌驾于自然之上，对自然资源无限攫取，人类物质生活极大丰富；二是伴随人类与自然关系的变化，人类中心主义思想形成的同时，现代社会的消费主义思想占据主流价值观念。无论是以生产为中心的生产型社会还是以消费为中心的消费型社会，都是人类中心主义的体现，也都带来人类与自然关系的恶化。在这种人类社会转型和不同阶段的对接中，虽然不同阶段具备不同的人类关系，但是人类与自然的关系依然遵从人类中心主义的发展逻辑。在此背景下，人类就会源源不断地从自然界中获取资源为自己所用，那些对自己无用或利用过程中产生的废弃物就会被废弃重新进入自然（见图7-1）。人类对自然资源的索取超过其所有，人类社会产生的废弃物也超过了自然的生态承载界限。这既是一个客观性事实，也是一个环境问题，更是现代社会的难题。

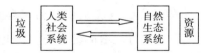

**图7-1　人类社会系统与自然生态系统的"垃圾-资源"交换**

当然，环境污染事实要想成为环境问题，还需要一个社会建构的过程，即环境污染的问题化。建构主义视角下的环境污染的问题化过程，并非要否认问题的客观性事实，而是更加强调环境问题产生的主观建构过程，即某些环境事件被宣称为问题的活动与过程。汉尼根（2009）认为，我们需要更加细致地考察社会的、政治的以及文化的过程，通过这些过程，特定的环境状况被定义为不可接受的、有危险的，并由此参与创造出了所认知的"危机状况"。当然环境污染的问题化是一个从污染事实、技术呈现到自我认知的科学知识不断增殖的过程（陈阿江，2016）。按照汉尼根的想法，所有环境问题都必须通过赢得关注、宣布合法性和诉诸行动三个独立过程的检验（Hannigan，1997）。其中，科学知识和大众传媒成为环境污染的问题化主要的现代社会设置。环境现状的科学研究，形成确切的环境知识和新的环境议题；传媒则扩散科学知识，引发大众关注。聚焦到垃圾问题化，即垃圾污染如何成为社会环境问题，是一个漫长的建构和多阶段过程。垃圾污染之所以能成为社会环境问题而非仅仅是一个被遮蔽或未被关注的"潜在问题"，是需要被关注和认知、认可的。现代社会垃圾污染问题化，遵从"自下而上"和"自上而下"两个认知逻辑的联结性建构逻辑，亦即"自下而上"的民众的环境污染生活体验、生存环境破坏感知和环境公民权诉求等向外向上的自发散播，"自上而下"的科学知识、媒体关注、专家意见和政府权威等向下贯彻，二者实现互动性联结。

中国农村生活垃圾污染是伴随现代社会而来的现代性问题，是一个客观性事实。农村生活垃圾问题也是一个主观建构过程，是不同利益主体、不同相关行动者在不同层面利益、权益、权力的沟通与呈现过程。与此同时，中国农村生活垃圾问题带有"次生"属性，主要表现在两个方面。一是从垃圾带来的社会环境影响来看，农村长期以来就被当作城市生活垃圾转移地。农村不仅可以处理自身产生的垃圾，还可以消化吸收城市转移而来的垃圾，农村生活垃圾似乎是一个可有可无的问题。只有当农村生活垃圾的环境社会影响超出农村、社会、自然的承载能力，其社会破坏力和自然污染非预期后果引发大规模的环境事件和社会后果时，农村生活垃圾问题才从一种客观现实进入社会视野与政策范畴。二是从垃圾问题引发的社会关注次序来看，是城市生活垃圾污染及"垃圾围城"之后，才引发大众、政府对农村生活垃圾问题的关注。在某种程度上，农村生活垃圾问题是城市化"后问题"或者城市化引发的农村问题，是从属于城市问题的问题，是城市生活垃圾问题化后引发关注的社会环境问题。2015 年初，中央一号文件首次提及"农村生活垃圾治理"议题，而党的十八届五中全会通过的"十三五"规划建议进一步提出要"开展农村人居环境整治行动""坚持城乡环境治理并重"，说明农村生活垃圾问题将是影响中国未来发展最严重的挑战之一。

## 二 "垃圾围村"：垃圾来源与污染影响

面对农村生活垃圾及其污染影响，"垃圾围村"成为"垃圾围城"之后又一个影响深远的学术话语与民间词语。"垃圾围村"是对农村生活垃圾问题严重性的形象说法，是指城市转移垃圾、农业农村生产生活垃圾逐渐在农户家庭、人们生活村子周边汇集，围堵了农民生产生活的村庄社区空间。面对农村生活垃圾不断增量和"垃圾围村"的现实，既有可以追其行踪的垃圾来源，也产生了可以体验和科学监测的环境污染问题。

### （一）农村生活垃圾的三种来源

改革开放之后，工业化、城镇化等结构性力量以及制度、技术、组织等现代社会元素推动着农村社会经济迅速发展的同时，农村遭遇以环境复合型污染和生态资源退化为特征的生态环境问题，呈现三种态势：由单纯的工业污染过渡到工业和大众消费形成的污染并存阶段；水体污染由工业污染发展到工业污染加农业污染的复合污染；生态恶化问题正由局部扩展到更大范围，从流域的一部分扩展到全流域（傅伯杰、于秀波，2000）。

农村数量庞大的生活垃圾主要通过三种方式产生，即农民生产生活垃圾、农村企业垃圾和城市转移垃圾。据统计，"十三五"初期，我国农村地区每年要产生 30 多亿吨畜禽粪便、2.8 亿吨生活垃圾、90 多亿吨生活污水，[①] 其中大部分的垃圾是简单地露天堆放，垃圾露天堆放率超过了 53.2%，大多数垃圾未能得到合理处置和有效利用（刘明越、李云艳，2015）。另外，农村生活垃圾的结构也在悄然改变，除了传统

---

① 《张桃林：转变农业农村生产生活方式 切实解决农业农村环境问题》，http://www.93.gov.cn/xwjc-snyw/201338.html，最后访问日期：2024 年 9 月 29 日。

的农民生活垃圾及农业生产垃圾之外，工业垃圾也开始进入农村，比如各种电子垃圾、工业固体废物等。其中，因农民生产生活方式改变和消费水平提高而产生的生活垃圾数量惊人且不断增长。现代消费社会的形成是一个从城市向农村扩散的过程。消费社会那种盲目消费、无节制浪费，在农村社会得以全面渗透。农民生活水平的提高和盲目的消费，伴随着现代化生活与城市文明的号角，背后是对自然资源和能源的掠夺性开发、生产排污与消费后的废弃。

从西方发达国家转移而来的垃圾，即"洋垃圾"也造成我国农村生活垃圾增量。所谓"洋垃圾"是一种俗称，广义上，"洋垃圾"泛指所有从国外进入中国的固体废物；狭义上，"洋垃圾"特指以走私、夹带、瞒报等方式输入的国家禁止进口的固体废物，或未经许可擅自进口属于限制进口的固体废物。2018 年 3 月 17 日，时任环境保护部部长李干杰说："大概 20 年前，我们整个进口量（固体废物）也就是 400 万~450 万吨，20 年间，固体废物进口量增加到 4500 万吨，增长得还是很快的。"西方发达国家利用自身产业结构调整、经济发展优势和世界经济体系，把生产生活垃圾转移到发展中国家，看似推动了当地经济发展和原材料不足等问题，其实背后是环境不公和环境正义不均衡在国际体系中的体现，以及发达国家环境污染的转嫁。"洋垃圾"的清洗、分解等回收流程给我国的土壤、河流、地下水以及人民的身体健康造成了严重的危害。为此，2018 年 6 月，《中共中央　国务院关于全面加强生态环境保护　坚决打好污染防治攻坚战的意见》（以下简称《意见》）把目标指向"力争 2020 年年底前基本实现固体废物零进口"。《意见》指出，全面禁止洋垃圾入境，严厉打击走私，大幅减少固体废物进口种类和数量。

（二）生活垃圾污染的三种影响

作为农村三大污染来源之一的生活垃圾污染，不但导致农村的水、空气和土壤污染，而且危及广大农村乃至城市居民的生活，甚至对生命健康构成威胁。

一是侵蚀大量土地，对农田破坏严重。农村生活垃圾的大量堆放侵蚀了大片的农田，对农村的土壤造成严重的污染和潜在的危害。垃圾中含有多种重金属（如铜、镉、铬等）和有机化合物，这当中多是有毒有害的危险品和难降解的化合物。它们毒性强、危害大，渗透进土壤，腐蚀农作物，严重影响着土壤质量，通过食物链危及人类健康。

二是严重污染水体。人们任意把江河作为废水和垃圾的消纳场所，已造成地表水和地下水的严重污染。在调研的某些农村沿着大大小小的河流走，清清河水绕村流的景象已很难见到。残羹剩饭、煤渣废玻璃，还有农药、化肥等的塑料包装袋和泡沫盒子等，花花绿绿的垃圾常为河堤披上一件肮脏的外衣。甚至作为饮用水水源的水库也漂浮着各式垃圾。这些垃圾年复一年在河流、水库、池塘中腐烂，导致苍蝇成群，鼠害猖獗，极易传染多种疾病，严重影响农民的日常生活。

三是严重污染空气。农村生活垃圾的大量堆放对农村的空气也造成严重的污染，露天堆放的垃圾臭气冲天，大量的氨和硫化物向大气释放，严重影响了农村的生存环境。此外，这些臭气熏天的垃圾堆，蚊蝇肆虐，埋下了疾病流行的祸根。生活垃圾侵占农村生活空间所造成的后果，还远非我们今天看得到、了解得到的。

## 三　农村生活垃圾需要城乡一体化治理

伴随着农村生活垃圾增量、垃圾成分结构变化和垃圾污染问题，农村生活垃圾治理引起全社会和各级政府的高度重视。2010 年中央一号文件强调要稳步推进农村环境综合整治，搞好垃圾、污水治理，改善农村人居环境；2013 年 12 月 17 日，住房和城乡建设部印发《村庄整治规划编制办法》，要求编制村庄整治规划应以改善村庄人居环境为主要目的，以保障村民基本生活条件、治理村庄环境、提升村庄风貌为主要任务。党的十八届三中全会提出加快生态文明制度建设，要用制度保护生态环境，将生态文明建设融入经济建设、政治建设、文化建设、社会建设各方面和全过程，努力建设美丽中国。欲实现美丽中国这个宏伟目标，美丽乡村建设应当摆在首位，在我国农村地区，环境治理面临许多困难和问题，其中农村生活垃圾污染防治是美丽乡村建设进程中面临的一大挑战，它直接关系到农村生态环境、农村经济的可持续健康发展。2014年5月，国务院办公厅出台《关于改善农村人居环境的指导意见》，目标任务为：到2020年，全国农村居民住房、饮水和出行等基本生活条件明显改善，人居环境基本实现干净、整洁、便捷，建成一批各具特色的美丽宜居村庄。还提出，深入开展全国城乡环境卫生整洁行动。交通便利且转运距离较近的村庄，生活垃圾可按照"户分类、村收集、镇转运、县处理"的方式处理。2014年11月18日，住房和城乡建设部组织召开全国农村生活垃圾治理工作电视电话会议，启动农村生活垃圾5年专项治理，使全国90%村庄的生活垃圾得到治理。同年12月，全国住房城乡建设工作会议明确提出：全面启动村庄规划、深化农村生活垃圾治理。住房和城乡建设部等部门联合发布《关于全面推进农村垃圾治理的指导意见》（建村〔2015〕170号），提出"全面推进农村人居环境整治，开展农村垃圾专项治理"。在该文件中明确提出，依托城乡统筹，全面推行"村收集、镇转运、县处理"的城乡一体化处理模式。2016年，住房和城乡建设部发布的《住房城乡建设事业"十三五"规划纲要》提出，全面推进农村生活垃圾治理，按照五有（有设施设备、有治理技术、有保洁队伍、有监管制度、有资金保障）标准，对符合条件的省份进行验收。建立完善村庄保洁制度，稳定村庄保洁队伍，推行垃圾就地分类减量和资源回收利用，完善农村生活垃圾收运处置设施设备。逐步放开农村生活垃圾治理环节的经营性项目，推行企业化运行机制。

面对农村生态环境污染的严峻形势，"十三五"规划中明确提出了实施农村环保惠民工程、农村环境综合整治等环境保护重点工程，充分表明党中央高度重视农村生态环境问题，也反映了当前我国农村环境污染治理的重要性和紧迫性。农村生活垃圾污染严重，垃圾治理刻不容缓。但是当下农村生活垃圾污染源头、垃圾成分和现有垃圾处置设施等，都给农村原有的垃圾处置方式带来挑战。农村传统社会那种自发性的废弃物循环利用模式，已经被现代化生活、工业化农业和城市化农村等结构性力量击碎，农村原有垃圾治理机制和方法失效。全球城市中心主义的发展模式、市场机制和商品化逻辑在农村社会的渗透，导致垃圾成为全球性问题，单纯依靠市场机制或农村自身的力量来解决农村生活垃圾问题已无可能。

唐丽霞、左停（2008）等用全国141个村的调查数据分析了中国农村污染状况，研究表明农村传统的垃圾循环模式日渐萎缩，农村对垃圾的自处理能力迅速下降。农村生活垃圾治理模式需要转型，更需要对新的治理方式加以创新。更为重要的是，我们需要清醒地认识到：城市化和工业化等现代化力量的纵深发展，推动着城乡两种结构空间的根本性变革。城乡两种结构空间，在各自改变自我结构的同时，也形塑出城乡互构的新态势。聚焦农村生活垃圾问题，农村社会结构转型受到城市化的推动，带来农村生活垃圾问题的现代化。而城乡关系的重构也给农村生活垃圾治理带来新的契机。伴随着国家实行城乡一体化和城乡融合战略，环境治理也实现从"城乡环境二元结构"到"城乡环境协同治理/一体化"的转型。农村生活垃圾城乡一体化治理不仅成为国家力推的农村生活垃圾处置方式，还具有现实可能性和必要性。尤其是在发达的东部省份率先得以推行和实施。在中国东部地区推行农村生活垃圾城乡一体化治理，主要是因为东部省份经济发达，城市化率高，城乡一体化水平高，村落人口集中。例如，北京、天津、上海、江苏、浙江、广东等发达地区，借助各级环卫部门对农村生活垃圾实行收集运输，"户集、村收、镇运、县处理"。山东省采取市场化运作的统收统运模式，实行"管干分离"，对农村生活垃圾收集运输，集中到县进行最终处理。

关于农村生活垃圾处理问题，我国学者针对不同地方的发展模式和治理实践进行了一定的总结与论述。目前我国农村地区城乡一体化的垃圾治理实践主要分为以下四种模式。浙江金华模式：采取"村收集、镇转运、县处理"的垃圾收运方式、"两次四分"的垃圾分类方式、填埋和堆肥并行的垃圾处理技术，村民负责缴纳垃圾管理费用，政府负责提供财政奖补（蒋培，2019a）。浙江贺田模式：采取"户收集、村集中、乡转运、县处理"的垃圾收运方式、四类（有机、可回收、有害、建筑垃圾）垃圾分类方式、堆肥的垃圾处理技术，与村民签订"门前三包"协议，制定奖惩方案。四川丹棱模式：采取"户收集、村集中、县处理"的垃圾收运方式、四类（不可回收、可回收、建筑、有机垃圾）垃圾分类方式、堆肥的垃圾处理技术，招标村民承包处理垃圾（吉丽琴，2018）。广西横县模式：采取"村收集、村处理"的垃圾收运方式、"三级五类"的垃圾分类方式、堆肥与焚烧并存的垃圾处理技术，在村里建立垃圾处理中心，实行垃圾就地处理（姚建尚，2021）。以上模式表明，我国农村地区垃圾处理以村民的自觉处理为主，对于如何增强村民参与意愿与提高村民自觉参与水平仍然缺乏具体措施和相应研究。

## 第三节　治理主体：从多元主体合作到环卫工队伍建设

农村环境治理体系和治理能力现代化是国家治理体系和治理能力现代化的组成部分与重要基础，是落实农村生态文明建设制度与体系的重要依托，也是一个蕴含着多元治理主体、治理主体能力差异、多种资源与服务等内容的多层面的复杂系统。农村环境治理体系和治理能力现代化的认知，既需要达成环境治理多元主体合作结构，构建政府、企业和公众共建共治共享的环境治理体系，以及强化综合运用法律、行政、经济、社会、技术等生态环境服务体系等现代化共识，也需要着重指出，环境治理制度优势与治理效能的转换需要一种协同治理模式（姚建尚，2021）。农村生活垃圾协同治理的实现，不仅需要宏观的政府、企业与社会组织等多元主体合作结构设计、中观的治理制度、垃圾处理能力与法治之间的统筹规划，还需要环卫工这种具体的行动者"真抓实干"

与"真诚实意"。

# 一　农村生活垃圾治理结构："块状"覆盖与"线性"串联

构建政府主导、企业主体、社会组织和公众共同参与的环境治理体系是解决农村生活垃圾问题的制度保障。这就需要把政府、市场与社会三种力量有效动员和利用起来，推进多主体参与农村生活垃圾合作治理达成。从调研的情况来看，农村生活垃圾治理形成了由政府、市场与社会横向合作的"块状"结构与户、村、镇、县纵向联结的"线性"结构结合而成的网状治理结构。

（一）"块状"治理结构：政府、市场与社会横向合作

推动农村人居环境整治提升，建立健全农村生活垃圾处理体系，加快生活垃圾就地分类和资源化利用需要充分调动政府、市场与社会的力量。政府是推动农村人居环境整治和垃圾治理的主导。上级政府需要制定完备的垃圾分类制度、激励政策，基层政府不仅需要落实上级政府的整治任务、治理要求和政策措施，还需要承担起垃圾收集服务购买、垃圾治理状况监管与治理绩效评估等任务。农村生活垃圾城乡一体化治理是城乡融合的体现，也是政府引导城市生活垃圾治理体系向农村延展的过程，政府为农村生活垃圾向上、向外流动提供了制度渠道与治理方向。企业是购买政府服务的主要承担人与服务提供者。相关物业公司、垃圾处理企业以专业、科学与系统化的垃圾处理"专家"身份承担农村生活垃圾处理工作，通过市场化方式运营农村生活垃圾处理体系。村民、村集体、党组织、社会环保组织等社会力量是农村生活垃圾处理的重要力量，居民的前端分类、党员的带头和监督、村集体的监管以及社会组织的参与和评估等都可以推进农村生活垃圾有效化处置。政府-企业与居民合作治理成为东部地区农村生活垃圾主要的治理模式，三者构成农村生活垃圾治理体系的主要行动者，在具体化的农村生活垃圾处理现场能够被感知。

以笔者团队调研的浙江 L 镇域农村生活垃圾治理为例。该镇在市（县）政府的财政支持下，通过政府财政的方式向三家物业公司购买本地化利用、废弃物回收、垃圾运输与处理等不同的垃圾处理业务。相关物业公司会通过招聘片区经理、清洁工、运输员等方式具体负责农村生活垃圾处置。村庄的居民需要移除家中的生活垃圾且进行分类，还需要接受党员、村干部的督查与考核。浙江 H 村村民说："肯定是一起来处理垃圾的，镇上的干部经常下来检查、考核；具体干活的，都是公司雇人来收运回收，村里也把垃圾处理情况与村集体收益分配结合，分不好的话，村公告栏粘贴警告，年底还要扣钱！"

（二）"线性"治理结构：户、村、镇、县纵向联结

农村生活垃圾城乡一体化治理是一种在"城-乡"制度与服务一体化设计下，城市生活垃圾处置系统与服务模式"下乡"，实现农村生活垃圾上移"进城"的过程。从一种通俗意义上讲，农村生活垃圾城乡一体化治理可分为城与乡结构性一体与户、村、镇、县实践性一体两个层面、两类融合线性治理结构。宏观性的城乡一体化，是一种城乡不同制度链接与城乡两种不同垃圾处理模式的对接，是一种围绕垃圾（物）与主体（行动者）两个核心问题展开的不同生产生活方式与文化体系的有效衔接。但是围绕垃圾问题的城乡一体化治理，是一个城市生活垃圾处理系统与垃圾处理技术单向"进村"的过程。而这种城市生活垃圾处理体系与农村生活垃圾的"上下串联"是通过户、村、镇、县实践性一体化实现的。这种"户-村-镇-县"一体化纵向联结的"线性"治理结构，带有一种农村生活垃圾抽离与城市集中化处理的双重功能。农村生活垃圾城乡一体化"线性"治理结构如同一根联系城乡两头的管道，借助"户集、村收、镇运、县处理"的实践逻辑，把成千上万户的生活垃圾收集起来，通过这个垃圾输送渠道送至城市统一处理，进而实现了农村生活垃圾上移城市与抽离农村生活垃圾的目标。

以笔者团队调研的山东省 P 县农村生活垃圾治理为例。该县以城乡环卫一体化工程为依托，每家每户把自己的生活垃圾倒在巷子里的垃圾

桶内，村里的清洁员（一般是本村村民）定时把垃圾运到路边的垃圾收集站，镇上会有专业的公司用垃圾车统一运到镇上进行集中压缩、分类与收集，把农村生活垃圾抽运到县垃圾场掩埋处理。

## 二 环卫工：农村生活垃圾治理的基层行动者

农村生活垃圾治理主体是"概化"行动者，也需要一个个鲜活的人。具体到农村生活垃圾治理范畴，农村环卫工群体①这一带有主体能动性又被嵌入"劳动过程"（布洛维，2008）的行动者，是如何成为农村生活垃圾城乡一体化治理的重要社会基础的，既可以展示农村生活垃圾城乡一体化治理体系形成过程，又能很好地发现农村生活垃圾城乡一体化治理体系运转问题。农村环卫工是落实农村生活垃圾城乡一体化服务与实现农村生活垃圾治理有效性"最后一米"的关键群体。

（一）农村环卫工的概念

农村环卫工群体有广义与狭义之分。广义上的农村环卫工是指从垃圾脱离农户家庭进入收运系统，到最后垃圾处置的不同环节中的工人，譬如清洁工、垃圾车司机、垃圾场工人等。狭义上的农村环卫工专门指负责在村庄内收运各户垃圾的工人。本书所研究的农村环卫工主要是在本村内收运垃圾的农民，即村庄环卫工。选择这个特殊人群作为农村环卫工代表以此来反思农村生活垃圾治理体系，主要有两方面的考虑。

一是农村生活垃圾治理体系的特殊结构。与城市生活垃圾收运体系相比，农村生活垃圾处理体现出更强的社会性。这种强社会性主要处于村庄共同体层面，超出村落层面之后就显示出强政府与强市场的合作属性。这种农村基层社会带有的强社会性和"乡村优势"（孙旭友，2021）有社会学意义和学术价值。

二是农民成为环卫工的特殊角色转化过程。农村环卫工不具备完整意义上的职业定位，也无法经过严格的市场化求职程序。村庄层面的农

---

① 本部分所用资料主要来源于笔者及团队成员在浙江杭州余杭区、金华市东阳市，以及山东省临沂市平邑县和沂源县、青岛市黄岛区等地的调查。

村环卫工职业转型以及农民与环卫工的角色转换，需要符合形式化的市场管理程序，也需要嵌入农村社会关系网与生产生活空间。

（二）农村环卫工的角色与功能

下文主要以青岛市 X 镇为例，基于对该镇清洁工的调研和对清洁工群体的日常工作生活的观察与分析，来透视清洁工群体如何形成、如何运转及其存在的问题等，进而展示环卫工群体的运作逻辑与在垃圾处理中的功能。

X 镇位于青岛市黄岛区西北部，地处黄岛区、胶州市、诸城市三地交界，共管辖 32 个行政村，人口约 25000 人，总面积 6000 余公顷。该镇经济来源主要为农业种植，近年来第二、三产业有所发展。2017 年在 X 镇调研时，该镇清洁工共有 93 人，其中驻镇清洁工 13 人，驻村清洁工 80 人。农村清洁工平均年龄在 60~70 岁，年龄最大的接近 80 岁。根据镇环卫所的管理文件，该镇清洁工的主要工作职责是：（1）清扫街道，包括大路、胡同；（2）清理村内外绿化带；（3）维护公共场所干净卫生，如宣传栏、文化活动场所等；（4）清理垃圾桶，集中清运，摆放整齐；（5）清理河道、沟渠，要求村庄四周无垃圾。

根据镇环卫所领导介绍，该镇农村清洁工队伍形成主要经过两个时期。第一个时期是村内自我聘用。该时期自 2015 年 10 月开始，建设之初是以清理村庄为主，主要工作是清理各种建筑垃圾、大件堆积。在这个时候主要由各个村庄的村委会负责，农村清洁工由村委会统一招募、统一管理、统一支付工资，这属于农村清洁工的雏形阶段。在这之后这批清洁工还同时参与村庄改厕和土路硬化工作，这属于清洁工队伍的过渡时期。第二个时期是公司聘用。山东省城乡环卫一体化发展很快，开始形成一种山东特色环卫模式，各地市各乡镇也根据政府政策和自身情况开始调整农村清洁工队伍。2016 年 5 月 1 日，一开始是在 X 镇以公开招标的方式招募物业公司，物业公司成立之后便开始管理这批清洁工，清洁工开始进入成熟时期。物业公司成立之后根据清洁工的工作情况对其进行管理，按照一百户配备一名清洁工（不足一百户按一百户算）的标准根据村庄具体情况进行调整，比如说某个村有三百九十户人口就要在该村选择四名清洁工。

从 X 镇农村环卫工队伍建设与发展的简短过程，以及田野调查分析，农村环卫工作为一个松散的群体，带有三个方面的特殊性。

一是兼具工人与农民的身份。农村环卫工被物业公司招聘到岗，环卫工在某种程度上脱嵌于农村社会与土地，农民身份被有意无意地"稀释"，工人身份会得以强化与凸显。虽然环卫工身上兼顾工人与农民的双重身份，但普通的农民甚至环卫工自己也认为环卫工只是干了一份兼职，多了一条生计活路而已。

> 笔者：您干了环卫这个活就是工人了，不是农民了，哈哈。
>
> 清洁工：啥工人啊，别人嫌脏都不干。（环卫）也不是什么好活，就是赚点辛苦钱，多点闲钱。咱还是农民，该干啥还得干啥。

对于农村环卫工来说，虽然他们有组织有纪律，有严格的考核标准，又有准确的薪资标准与来源，但环卫工作并不是他们的主业，他们对农村环卫工作缺少"职业认同"，始终认为自己的身份是农民。

二是环卫工作与家庭生活兼顾的困境。农村环卫工选择这项工作也是一种双向选择，即物业公司招聘合适的清洁工，清洁工也有权选择是否继续工作。清洁工均为本镇农民，没有其他副业，工作时间不允许他们干其他工作。清洁工除了清理街道就是耕种自家的土地，干农活也要在环卫工作要求的工作时间外进行。物业公司的制度安排与硬性要求，只是环卫工工作角色与职能定位的一面。真实的状况是，大多数的农村环卫工，他们自家还有土地，还有大量的农活要干。农忙的时候，他们必须上山做农活，至于环卫工作，他们会选早晨天刚亮或傍晚天要黑的时候做，在这种情况下，他们就达不到一天至少八个小时的工作标准，虽然这可能会使他们面临失去这份工作的危险，但在他们心里，即使丢掉这份工作，也不能放弃农活，因为做环卫工作的待遇并不能维持一家的生计，他们主要的经济来源，还是地里收获的农副产品带来的利润，农业劳动才是他们的主业。

环卫工要兼顾家庭农业生产与生活，但是其自身的劳动强度与工作环境被冷漠处理与自我淡漠。按物业公司的规定，环卫工群体的日工作时间是按照国家统一的标准，每天工作八小时，每天早晨八点上班，下午五点下班。但农村环卫工群体全年无休，一年365天每天都在工作，身体长时间处于劳动状态；农村环卫工每天清运大量的垃圾，劳动强度很大；环卫工的工作就是通过劳动使脏乱的地方变得干净，他们每天都在最脏乱的环境里工作。环卫工每天出没在最脏乱的环境里进行长时间的高强度工作，而且物业公司方面没有提供口罩、手套等必需的防护工具，这对环卫工的身体健康有很大的影响。

三是政府、市场与社会的"三重监督"。农村环境卫生服务与垃圾治理是公共事务，也是切实影响农民生产生活的社区人居环境，还是可以带来经济收益与实践政府购买服务的市场经济行为。在政府主导、企业主体、农民参与的农村环境治理体系下，农村环卫工受到政府、市场与社会三重约束与监督。具体而言，农村环卫工受到镇环卫所、物业公司和社区的共同监督。

　　笔者：如果遇到有些情况垃圾很多处理不了怎么办？工作过程中遇到困难找谁帮忙？

　　清洁工：还能怎么办？自己处理呗。

　　笔者：你们不是归物业公司管吗？不是还有村委会，没找他们吗？

　　清洁工：找他们也没有用。

虽然基层政府对环卫工的监管主要通过对物业公司的监督与评估来间接完成，但是环卫工嵌入基层政府、物业公司与村集体所编织的关系网与监管机制里面。

# 第八章

# 农村生活垃圾城乡一体化治理成效

　　山东、浙江等东部经济发达省份贯彻国家重视农村生活垃圾治理和农村环境综合治理的战略布局，取得了重大成就，形成了众多地方化实践经验和治理模式。农村生活垃圾城乡一体化治理成效，既体现在垃圾去存量、垃圾分类与循环利用、村庄清洁化等人居环境改善上，也体现在落实"户集、村收、镇运、县处理"模式中，推动农村生活垃圾治理体制机制创新。就本书所调研的山东、浙江两省的区域而言，一方面，农村生活垃圾城乡一体化治理政策、设施建设、队伍和管理制度建设、经费保障、运行质量、存量垃圾治理等方面存在相似做法和差异化经验；另一方面，在实践过程中，从"硬件设施"与"软件制度"、政策法规与村规民约、政府工作与农民意愿等多个维度，提炼东部地区农村生活垃圾城乡一体化治理成效、实践机制和治理模式，如城乡三级联动环卫机制、三个一体化、"户集、村收、镇运、县处理"治理模式和"BOT"模式、治理资金三级承担等。

## 第一节　农村生活垃圾城乡一体化治理成效
## 与运行逻辑

　　农村生活垃圾城乡一体化治理主要是指把农村生活垃圾置于城市治理体系，实现城市生活垃圾治理体系和农村生活垃圾上移的有机衔接。

这种农村生活垃圾处理模式具有较为清晰的实施空间和运作方式，即在经济较为发达的东部地区或者经济发达、交通便利的部分城市化较为充分的村庄，实施农村生活垃圾"户集、村收、镇运、县处理"的处理模式。农村生活垃圾城乡一体化治理，虽然获得国家力量自上而下的倡导和推动，也具有较为一致的实施样式和评判准则①，但是政策落地的具体实践，需要迎合本地实际情况，其实践逻辑是社会结构、环境规制和行动场域等多重力量互动的过程。山东省 P 县自 2013 年起，在美丽乡村建设、城乡环境综合整治、城乡环卫一体化等政府工程和国家环保话语下，采取市场化运作的统收统运模式，对农村生活垃圾收集运输，集中到县进行最终处理。这是一个政府主导、市场合作和社会参与的多主体合作治理，以美化村容村貌和实现农村生活垃圾上移至城市治理体系为目标的自上而下的政策实践过程。具体而言，既要考察农村生活垃圾城乡一体化治理对我国农村城市化和现代化、城乡环境公平、城乡统筹发展、美丽中国和美丽乡村建设以及实践生态文明理念的重要意义，也要具体分析农村生活垃圾治理实践进程中，国家对环境公共服务支出的城乡分异、"户集、村收、镇运、县处理"运行模式的实践路径以及政府、市场与社会合作治理逻辑等内容。

## 一　城乡环境服务一体化的农村实践

城乡一体化是要把城市与农村两个不同空间和社会及其经济、政治、文化、生态、生活方式等作为一个整体，使城乡协调发展、共同繁荣，城乡差别逐渐消失，城乡最终融为一体的过程。城乡一体化的价值指向和理论旨趣是在一种结构性和权利论的视角下，力图达成权利平等、社会和谐的经济社会体制和社会氛围。农村生活垃圾城乡一体化治理即城乡一体化及其价值目标在环境服务领域内的体现和社区实践，是为解决城乡二元环境治理模式问题的政策应对，也是国家公共服务下沉

---

① 参见《农村生活垃圾分类、收运和处理项目建设与投资指南》（2013）、《国务院办公厅关于改善农村人居环境的指导意见》（2014）等相关规制。

到社区和城市环境服务模式延展至农村的职能所在和政治需要，且深受农村生活垃圾污染严重和处理能力较弱的双重现实倒逼。

基于农村"高消费-高废弃"的生活方式、农业生产的化学化和化工化、城市生活垃圾向农村转移以及农村生活垃圾处理设施、处理意识和处理能力等相对薄弱的现实，当下农村生活垃圾与传统农业社会垃圾在成分、数量与处理逻辑等方面有天然的差别。传统农业社会垃圾与社会、自然三者相对均衡流通的日常生产生活实践被阻隔和分裂。农村生活垃圾既不能被农业生产和农民生活循环利用，也不能重回大自然的化学分解过程，垃圾成为农村社会多余和无用之物。如果仍旧单纯采取"农村生活垃圾自我消化"的放任型处理或传统型农村生活垃圾治理模式，既不能减少垃圾存量，也无法消除垃圾污染的环境影响。而伴随我国环境治理政策"从重点治理到全面治理再到复合型治理"（张萍等，2017），《国务院办公厅关于改善农村人居环境的指导意见》（国办发〔2014〕25号）中提出：农村基础设施建设和城乡基本公共服务均等化即"逐步实现城乡基本公共服务均等化，推进城乡互补，协调发展"，并规定"推行县域农村垃圾和污水治理的统一规划、统一建设、统一管理，有条件的地方推进城镇垃圾污水处理设施和服务向农村延伸"的城乡一体化治理目标。实施城乡环卫一体化是众多区域的最优选择，也是改善农村人居环境的必然选择。P县为贯彻和落实上级政府的"城乡环卫一体化"和实现城乡基本公共服务均等化目标，明确提出了"以城带乡"的农村生活垃圾治理原则，即推动城市环卫设施、技术、服务向农村延伸，加快农村环卫工作纳入城市环卫体系统一管理的速度。

## 二　政府、企业与村庄合作治理体系

农村生活垃圾实行多元主体合作治理，既是国家治理农村生活垃圾的明确要求，也是农村生活垃圾践行的治理架构。《国务院办公厅关于改善农村人居环境的指导意见》、住房和城乡建设部等部门联合印发的《关于全面推进农村垃圾治理的指导意见》等相关文件，都倡导和要求基层政府"坚持政府主导、公众参与和市场介入"的治理结构。

例如，临沂市P县自2014年开始尝试采取市场化运作的统收统运模式，实行管干分离治理农村生活垃圾。县政府与KJ物业公司签订一年的合同，不但把全县的垃圾处理外包，而且要求该公司加强对乡镇、村一级干部、保洁员的各种培训。县政府把全县农村生活垃圾处理推向市场化的"试水"，效果虽然褒贬不一，但是让基层政府学会了花钱买企业服务和政府监督的新管理模式，并看到了不一样的治理效果。自2015年起，该县政府开始真正以服务外包的形式治理农村生活垃圾，把本县的农村生活垃圾外包给有资质的物业公司。县政府首先通过公开招标的方式，把农村生活垃圾服务外包给KJ、YH等四家公司，形成多家物业公司互相竞争、加强服务的局面。然后各个乡镇再根据对四家公司的服务资质、服务质量、以往项目经历等的考察，与对接公司签订合同。而且，为应对农村生活垃圾治理新机制及其多元化管理结构，政府重新规划了职能部门和权能范畴。一方面，把农村生活垃圾监管职能归为环卫所负责，并为加大执行力度和明确责任，把环卫所由环保局划给执法局管辖，县环卫所负责协调和指导，听取乡镇工作汇报、加强监督等；另一方面，在各个乡镇成立了专门负责农村生活垃圾治理相关工作的乡镇一级的城乡环卫一体化办公室。把城乡环卫一体化治理农村生活垃圾的权力下放至乡镇环卫办，由其负责招标物业公司、监管本乡镇片区的垃圾清理情况以及协调物业公司与村庄关系等，从而实现了"两个双重化"管理架构，即乡镇环卫办归属乡镇政府和县环卫所双重管理、乡镇物业公司归属乡镇环卫办和县环卫所双重管理。P县职能归属和权力划分，既明确了管理部门的权力范畴，也通过落实政府购买农村生活垃圾社会服务实现社会资源的有效配置，提升公共服务质量。

为进一步落实政府与社会合作治理方针，政府实行责任分担，强化村庄（村民）、物业公司与基层政府之间的合作。例如，在农村环卫工聘用上，村委会负责配合物业公司招聘本村的清洁工，让村委会干部推荐适合的人选，然后再由物业公司聘用。而对清洁工实行"三重管理"

机制，即村委会的人情管理、物业公司的业务管理和乡镇政府的政治管理。在垃圾处理资金筹集上，实行"442"模式，即县政府、村民和乡镇按照 4：4：2 的比例分担垃圾处理费。该县每年需要大约 4000 万元的垃圾处理费，县政府每年出资 1600 万元，镇政府出资 800 万元，而村民按照人口数量每人每年收 24 元的垃圾处理费，构成另外的 1600 万元。在某种程度上，物业公司与村庄、乡镇既是服务与被服务、监督的关系，也表现出以项目为基础的"结盟"和利益关联。这种利益主体互相合作与责任分担的治理方式，实现了政治任务、垃圾业务和民生事务三结合，也可以最大限度实现垃圾的有效治理。

### 三 "户集、村收、镇运、县处理"运行机制

在政策指导、政绩考核等的压力下（荣敬本等，1998），山东省众多地区依靠经济先发优势和城乡一体化制度优势，积极贯彻中央政府"户集、村收、镇运、县处理"的农村生活垃圾治理模式。例如，济南 Z 区某垃圾中转站工作人员告知，政府在垃圾治理实践过程中有如下基本要求和实践。①沿路设点配置垃圾桶。②规定村内每 15 户设置一个垃圾桶，每 100 户配备一个保洁员，每 1000 户配备一辆垃圾车；规定村里每家分 3 个垃圾桶对垃圾进行分装，基本分为炉灰、生活垃圾和厨余垃圾（厨余垃圾是后来新增的）三类，但目前只分发了几个村庄，还没有大面积覆盖，且一个环卫工至少负责一里地的卫生。实行环保村庄考核、评比。环卫工告诉笔者："将村庄环境分为 A、B、C 三个等级进行评比，咱们村去年还被评为 A 级呢！奖励了我一个电饭锅！"③垃圾实行"户集—村收—镇运—县处理"的基本流程，有统一的监管人员、收运车、中转站（垃圾压缩）、处理厂等。农村生活垃圾治理模式的转变显示出国家和政府对乡镇的重视度在逐渐提高，社区公共设施的配备越来越规范化，越来越齐全。比如，配备的垃圾桶由铁质垃圾桶换成了塑料垃圾桶，轻便、回收利用率高；垃圾桶分类回收更细致化，分为可回收垃圾、不可回收垃圾、厨余垃圾、炉灰等；不同规格的运输车

辆配备得越来越齐全，数量也更多；等等。社区公共设施的全面化、细致化有利于促进社区更好发展。

例如，临沂市P县，城乡一体化的垃圾治理模式及其地方化实践更具代表性。P县不但制定了地方化的配套政策，而且在实践中落实和创新了农村生活垃圾城乡一体化治理模式。自2013年起，P县就着手实施城乡环境统筹工程，加快实施城乡环卫一体化进度，推动和落实"户集、村收、镇运、县处理"的农村生活垃圾城乡一体化治理模式。P县通过设置垃圾桶、清运车、垃圾处理站、垃圾填埋场与焚烧厂、清洁工队伍等一系列制度安排和设备投入，来落实这一农村生活垃圾清运机制。P县要求每个村庄按照人口数放置垃圾桶，方便村民投放垃圾，在144个自然村共设置3.5万多个垃圾桶；每百户设一个环卫工，全县环卫工人数将近3000人，村落成立常规化清洁工队伍负责收运垃圾，把垃圾桶的垃圾统一运到村垃圾池等待镇上的垃圾车运走；每个行政村建设一个垃圾池，再由镇上（物业公司）派垃圾清运车运输，P县共有垃圾清运车4辆，负责全县10个乡镇的垃圾清运。乡镇清运的垃圾集中运输到远离P县城的30多公里外的KS村附近的垃圾填埋场填埋。① 而且为落实"户集、村收、镇运、县处理"的垃圾处理系统，在各个乡镇实行了乡镇与物业公司共同负责乡镇农村生活垃圾，并实行片区制和片区经理-分区管理员-区内环卫工的管理体系。片区经理负责对片区的人员管理和监管垃圾清运处理，而分区管理员对农村生活垃圾和环卫工进行管理，负责监控垃圾及时收集。这样更加明确了责任主体和管理职责。

"户集、村收、镇运、县处理"的垃圾处理系统，是一个农村生活垃圾逐渐从农村到城市、自下而上的城乡一体化的治理过程，最后实现城乡所产生的垃圾无隔阂处理。这种农村生活垃圾治理机制，不但实现了农村生活垃圾与城市生活垃圾治理体系的有效联结，而且实现了"户、村、镇、县"四个行动主体的明确分工与通力合作，明确了各个

---

① P县新的垃圾焚烧厂还在选址和筹划之中。县里唯一垃圾填埋场是在2005年建成的。

主体有自己的责任和任务范畴。当然，还在另一种形式上实现了四个主体的联动机制和行动逻辑，即"集、收、运、处理"的体系化和行动制度化。P县落实"户集、村收、镇运、县处理"的垃圾处理系统、采纳片区制和片区经理-分区管理员-区内环卫工的管理模式，更有效地推动了农村生活垃圾城乡一体化治理的有效性和治理机制程序化。

## 四　美丽乡村建设的环境面向基本达成

美丽乡村建设既是美丽中国建设的基础和前提，也是推进生态文明建设和社会主义新农村建设的新工程、新载体。美丽乡村是让农村环境更好、更清洁，农村生活垃圾治理是美丽乡村的实现手段和建设目标。住房和城乡建设部等部门联合发布的《关于全面推进农村垃圾治理的指导意见》明确提出：以统筹城乡发展、造福农民群众为出发点，以实现农村垃圾的全面长效治理为目标，加大投入、健全机制、发动群众、科学施策，形成改善人居环境与提升乡风文明相互促进的良好局面，建设清洁卫生的宜居环境和农民群众安居乐业的美丽乡村。农村生活垃圾治理把美丽乡村建设作为目标，其实质是落实"共建、共治、共享"的治理理念，实现广大农民平等参与现代化进程、共同分享现代化成果的目标，其背后的终极价值就是真正维护和实现农民生存乃至全面发展的权利。政府的一系列措施使农村生活垃圾处理方式变化成为可能，推动了农村人居环境的改善。村民环保意识增强，对社区居住环境的要求也越来越高；对垃圾分类有了一个基本的认识，垃圾自觉分类、自主投放到指定地点的意识不断增强。对社区的责任感和归属感也极大增强，有利于建设更加美丽的社区，改善环境质量，提高生活质量。在淄博D镇，当被问到垃圾处理方式变化的原因时，村民更多提到的是村民的观念意识变了，村民重视自己的居住环境，对环境要求也提高了。村民E说："以前的农村环境不好，人们基本没有处理垃圾的意识，生活垃圾就近倒，农业垃圾随处扔，造成环境破坏和污染，随着经济水平和人们生活水平的提高，人们逐渐有了环保的意识，开始重视对垃圾的处理。"

笔者深入调查的 P 县，在垃圾清运和美丽乡村建设中取得巨大成绩，被当作典型来宣传。据县环卫所所长说，2014 年以来在全省 132个县中，P 县的满意度和省市暗访的结果都在全省前列，P 县经常被市里表扬。除了按照《关于全面推进农村垃圾治理的指导意见》《农村生活垃圾分类、收运和处理项目建设与投资指南》等规定的内容外，P 县落实整治农村生活垃圾问题和建设美丽乡村的路径，主要有两个方面。一是按照政策要求和上级标准，建立了体系化的清洁工队伍和管理制度，设置了垃圾桶等设施，实行农村生活垃圾"日日清、日日运"的日常管理和设施维护。要求每个村的环卫工全天候及时发现、处理村内垃圾，倾倒垃圾桶内的垃圾，片区管理员不定时检查和督促，保证农村生活垃圾不出桶，农村公共区域不见垃圾。二是突出重点，各个击破。譬如陈年垃圾清理，公路两边、河边、田间地头等区域以及铁路沿线的垃圾清扫和维护。这无疑在横向上实现村落内与村落外、村落交界、公共区域等无缝隙连接，在纵向上实现村内垃圾箱不过夜、村内无散落垃圾的时间无缝隙衔接。P 县借助村内垃圾日清日运的清洁要求以及加强对村外公共区域的垃圾治理等有效举措，不但在一定程度上实现了美丽乡村的建设目标，而且保持了乡村美丽的面貌和清洁容颜。

# 第二节 农村生活垃圾城乡一体化治理的地方实践

由于农村社会深受城市化、工业化和市场化的不断渗透，农村自然环境恶化和生态破坏尤为严重。其中，农村生活垃圾污染是制约农村社会发展和威胁农民生活环境的重大问题，也对生态宜居村庄建设和乡村振兴战略实施构成挑战，成为国家综合治理农村环境的重点。面对垃圾污染的空间延展与系统化伤害，实行垃圾分类处理是国家倡导的实现垃圾减量化、资源化、无害化处理的制度设计，也是应对农村生活垃圾污染及其增量的有效举措。早在 2016 年 12 月，习近平总书记主持召开中央财经领导小组会议研究普遍推行垃圾分类制度，强调要加快建立分类投放、分类收集、分类运输、分类处理的垃圾处理系统，形成以法治为基础、政府推动、全民参与、城乡统筹、因地制宜的垃圾分类制度，努力扩大垃圾分类制度覆盖范围。[①] 从我国诸多农村生活垃圾分类先行示范试点区域的垃圾分类实践来看，垃圾分类制度在一定程度上与农村社会生产生活切合，建构了基于城乡统筹的农村特色分类模式，并取得了较为显著的社会环境效益。

## 一 垃圾分类何以切合农村？

垃圾是人类生产生活的伴生物，而垃圾问题是现代社会特有问题和世界性难题。中西方传统社会历史中的城乡二元结构、城市政治文化中心主义以及农业经济基础性作用、农村社会循环性生产生活方式等结构力量，导致垃圾问题主要是"城市病"表征之一，农村生活垃圾均能在生活与自然之间实现均衡流动。而在现代垃圾处理技术与管理模式完善之前，向农村转移城市生活垃圾以及农业循环利用城市生活垃圾作为肥料，不但是推动传统农业发展和城乡一体化的另类道路，而且是治理城镇垃圾的重要方式。进入现代社会之后，紧随"垃圾围城"问题和发达国家的脚步，"垃圾围村"问题逐渐成为发展中国家面临的问题，也是我国"三大污染防治"攻坚战需要加以克服的环境难题。在此背景下，垃圾分类作为现代城市生活垃圾循环产业建设的资源化管理技术、实现垃圾源头治理的有效方式和现代化知识体系，被纳入农村生活垃圾治理体系和农村人居环境整治工作，不仅获得国家的制度推动、政策倡导和国家领导人的高度重视[②]，还得到众多地方社区的实践推动，成为我国

① 《习近平告诉你，我们的制度为何深得人民拥护》，https://baijiahao.baidu.com/s? id=1649049684464210265&wfr=spider&for=pc，最后访问日期：2024 年 9 月 29 日。
② 详见《普遍推行垃圾分类 着力提升人居环境》（2016）、《农村生活垃圾分类、收运和处理项目建设与投资指南》（2013）、《国务院办公厅关于改善农村人居环境的指导意见》（2014）等相关规定以及习近平总书记 2019 年 6 月再次对推行垃圾分类工作作出的重要指示。

农村生活垃圾治理方式的首选。

城市地区生活垃圾分类制度和垃圾资源化理念的出现，是为应对城市生活垃圾增量的生活困扰和自然资源不断匮乏的全球社会现实。与西方发达国家的成功经验和实践成效相比，中国城市生活垃圾分类制度实践却步履维艰，"垃圾分类难以实施"成为城市生活垃圾分类的实践困境和学界共识（参见刘梅，2011；王子彦、丁旭，2009；王小红、张弘，2013；谭文柱，2011；张劫颖、王晓毅，2018）。而相较于城市汇聚各方关于居民垃圾分类推进困难和垃圾分类制度实践效果不佳的共识，农村地区垃圾分类治理不但存在一定的社会基础，而且取得了不错的实践效果和社会环境效益（蒋培，2019b）。农村基层工作者更是提出"农村地区更适合垃圾分类"、"垃圾分类农村先行"和"垃圾分类农村包围城市"等实践宣言。当然，基于农村地区特殊的生产生活空间和地理环境的复杂性，众多学者认为农村生活垃圾分类治理，需要在城市模式的基础上进一步修正和农村化。例如，传统生态要与现代技术相结合（陈阿江，2012）、挖掘农村社会的地方智慧和传统知识（夏循祥，2016），以及构建起不同于城市社会的垃圾分类治理体系（李全鹏，2017）、农村地区就地分类回收利用（郑凤娇，2013）等政策建议和实践技巧。无论如何，伴随着城乡一体化进程加快，城市生活垃圾分类制度已经进入且嵌入部分农村地区，成为农村生活垃圾治理的重要方式和管理手段，并取得了显而易见的实践效果。① 已有研究对城市生活垃圾分类实践困境和部分地区农村生活垃圾分类推进顺利的实践性共识以及农村生活垃圾治理特殊体系建构的学术分析，为后续研究奠定了基础，也留下一个显而易见但未加以深入讨论的问题：原生于现代城市的垃圾分类制度和垃圾治理体系，在城市社会未取得预期实践效果甚至产生诸多治理困境，为何会在农村社会顺利推进并取得显著的实践成效？

----

① 《全文｜〈中国生活垃圾处理行业发展报告：面向新时代的机遇与挑战〉》，https://mhuanbao.bjx.com.cn/mnews/20171103/859181.shtml?security_verify_data=3336302c363430，最后访问日期：2024年9月29日。

这不仅关系到垃圾分类知识和治理模式本地化适应问题，还对城市生活垃圾分类治理机制优化和重构城乡融合关系有重要意义。

本次调研的 X 镇①位于浙江省金华市。金华市农村生活垃圾分类的实践经验，不仅于 2016 年在《住房城乡建设部关于推广金华市农村生活垃圾分类和资源化利用经验的通知》②中被加以全国推广，而且使金华市于 2019 年 3 月，在中共中央办公厅、国务院办公厅转发的《中央农办、农业农村部、国家发展改革委关于深入学习浙江"千村示范、万村整治"工程经验扎实推进农村人居环境整治工作的报告》中被树立为农村生活垃圾分类治理的典型地区和学习样板。

X 镇垃圾治理大体经历了三个阶段。（1）家庭农户自行处理阶段。2012 年之前，X 镇政府和村集体组织基本没有垃圾分类的概念，农村生活垃圾基本由各家各户自行处理。农村生活垃圾随意倾倒，造成"垃圾围村"、垃圾围坝、垃圾围溪等问题和环境污染。（2）农村生活垃圾集中处理阶段。2013～2014 年，东阳市政府为解决农村生活垃圾污染和"垃圾围村"问题，建设且启用了第二垃圾填埋场，把农村分散的生活垃圾集中到城郊的填埋场，统一填埋处理。农村生活垃圾集中化填埋处理，虽然在一定程度上实现了农村生活垃圾清洁化，但是给县域垃圾处理设施带来沉重负担。（3）垃圾分类治理智能化阶段。2014 年后，X 镇作为东阳市第一批垃圾分类试点乡镇，逐步推行农村生活垃圾分类治理。在探索垃圾清运智能化的基础上，于 2017 年 10 月开始在全镇实行垃圾分类各环节的智能化管理，借助互联网平台（"KL"App③）对农

---

① X 镇地处浙江省金华市的县级市 D 市中部，距 D 市区 26 公里，辖区总面积为 98 平方公里。下设镇东、镇西、镇北三个工作片区，下辖 28 个行政村 75 个自然村，总户数为 1.67 万户，总人口为 4.2 万人。

② 住房和城乡建设部专门下发文件推广金华市农村生活垃圾分类和资源化利用的经验做法，并对金华市农村生活垃圾分类和资源化利用经验、金华市农村生活垃圾分类 6 项制度等内容做了详尽分析。参见《住房城乡建设部关于推广金华市农村生活垃圾分类和资源化利用经验的通知》（建村函〔2016〕297 号）。

③ "KL"App 是 X 镇通过第三方互联网公司研发的应用程序，是一套能将垃圾分类所有环节串联，将大数据统计分析、有效监管考核、动态监测等多功能集合化的闭环系统。

村生活垃圾分类进行"全过程监管、大数据分析",建立起较为完善的生活垃圾分类治理体系,农村生活垃圾治理取得巨大社会效益、环境效益和经济收益。本部分以浙江省 X 镇的农村生活垃圾分类治理实践为蓝本,主要通过两个分解问题回答上面的疑问:一是垃圾分类制度切合农村社会而取得实践成效的农村优势何在?二是农村地区垃圾分类处理的地方化实践模式,有何价值供其他农村地区甚至城市借鉴?

## 二　垃圾分类切合农村的三种优势

X 镇农村生活垃圾分类实践成功和治理效果显著,虽然有国家动员、政府支持和制度设计、组织管理等多重原因,但是与垃圾分类的农村社会基础的实践切合有着密不可分的关系。

### (一) 熟人社会:农村社会的关系优势

长期以来被学界津津乐道的农村乡土关系或熟人社会(费孝通,2012),虽然深受城市化、人口流动、个体主义和商品化等结构力量冲击,但是其地缘血缘关系、邻里互助、社区道德压力等内在维度,依然能够在某种程度上塑造农村社会关系和农民思想行为。农村熟人关系和村庄关系网,能够有效动员、监管村民的日常生产生活,为农村生活垃圾分类源头治理和农民生活垃圾分类行为培育,奠定良好的社会基础。

一方面,熟人关系有利于把农民、农户组织起来,把垃圾分类行为嵌入农村关系网。垃圾源头分类是垃圾治理的关键,但面临如何将个人行为公共化和家庭组织化的治理难题。而农村熟人关系为农民组织化与垃圾分类行为的关系嵌入奠定基础,进而有利于农民生活垃圾分类行为推动和制度落地。尤其是差序格局底蕴下的农村社会人际交往结构,通过个人关系的延展和"点-线-面"关系建构路径,可以有效地把村民整合进村庄人际关系网。例如,X 镇 H 村充分利用熟人关系推动农户生活垃圾分类,通过妇女积极分子联系家庭妇女、党员联系农户机制以及村干部片区负责制等制度机制,实现了农户生活垃圾分类行为村庄整体和联系户片区的双重关系嵌入。H 村利用农村熟人关系构建的农户生活垃圾分类行为双重关系嵌入结构，把农户原有的社会关系加以重构和再利用，实现了农户生活垃圾分类行为的关系嵌入和村庄组织化，进而达成了生活垃圾分类个人行为与村庄公共行为的联结和转换。

另一方面，熟人关系有利于村规民约、垃圾分类制度、村庄监督机制的实践落实。垃圾分类处理是一项系统工程，垃圾源头分类是基础。村庄集体经济奖惩激励、村干部谈话、邻居举报等类似的规章制度以及村规民约的实践成效，都是以熟人社会为发生基础。熟人社会借助地缘、亲缘、血缘等不同的社会关系所构建的社区道德感、压力感和面子、社区责任等共同体意识，可以有效培育村民垃圾分类意识、监督垃圾分类行为。H 村在宣传、落实和监管垃圾分类的过程中，不但利用妇女积极分子、清洁员和党员对普通村民加以示范和劝导，而且在村庄内部借助"红黑榜"考评制度、管理员定期检查制度等，对农户垃圾分类行为加以排名，让村民产生舆论压力和道德羞耻感。

（二）"两委"领导：农村社会的组织优势

农村村民委员会和村党支部委员会（"两委"）处于承接基层政府工作和回应村民生活诉求的"节点"位置，可以实现基层政府行政和基层社会治理的实践交融，使其具有天然的组织优势。村"两委"的组织优势主要体现在两个层面。一是村"两委"作为乡镇基层政府下一级的村级行政机构，是实现农村基层治理和各种政策制度落地的坚强力量。村"两委"既可以通过行政渠道贯彻基层政府垃圾分类意图和接受上级政府考核，也能够通过政治要求发挥党员联系机制作用，动员村内党员参与垃圾分类事务。二是充分利用扎根农村社会的嵌入位置动员村民参与，以及借助村规民约来推动垃圾分类的实施。村庄内部村规民约的制定、动员村民参与、垃圾分类"红黑榜"考评制度等相关激励机制的执行，都离不开村"两委"强有力的组织能力。

村"两委"强有力的组织能力和组织优势，可以保证村民垃圾分类行为的外在监督，也可以动员村民真正实践垃圾分类，使实施垃圾分类的村民融合为有组织体系的治理主体。X 镇在 28 个行政村 75 个自然村推行垃圾分类，都是以村"两委"及其班子成员为中心，逐步建立起垃圾分类体系的。H村村委会黄主任表示："要说推行垃圾分类，没有村干部、党员去带头、动员，啥都干不成。刚开始的时候实行'门前三包'，我们就带着党员志愿者一起，各家各户地做工作，帮着清理陈年垃圾、清除河沟的杂物。到后来，垃圾分类慢慢得到村民认可了，大家也习惯了，村干部和党员还是日常监督和劝告。那些真是不愿意改的农户，村里也有办法，年底分红少发钱，扣一点社会医疗保险费用。"

（三）生活切合：乡村社会的环境优势

垃圾分类行为养成与分类治理实践需要深度切合分类主体的生活环境。虽然农村社会及其生产生活方式受到工业化、城市化的冲击，但是原有的小农化生产方式、有机农业的生产类型、松散的时间安排和勤俭节约的社会风气等生活样态得到部分保留，且构成了垃圾分类契合农村社会的生活基础。

一方面，垃圾分类基础设施多样和使用灵活，切合农村生活方式。X镇为了落实垃圾治理的资源化、减量化和再利用，在全镇布设了1个分拣中心和22个再生资源兑换超市，配备4名预约上门回收工作人员。农户既可以步行到村内或镇驻地的兑换超市兑换，也可以通过网络、电话等方式，预约垃圾分拣人员到家回收。这些垃圾分类设置，不但有醒目的图文提示和清晰的兑换流程，而且嵌入农民生活环境和农村社区，农户再生资源回收兑换可以"不出家"与"不出村"。既打通了农户生活垃圾分类从家到回收点的"最后一公里"，也切合农村生活压力较小的情况，有更多时间、精力和勤俭节约的社会风气，以及便于推行物质奖励等方式的生活环境。H村村民说："现在的这个废品回收，都很方便。可以直接去村里的商店兑换生活用品，也可以网上预约废品回收人员来家里卖给他们。尤其是老人、孩子在家，直接拿着去兑换；家长、成年人忙的时候，可以在手机上预约好时间到家里去。"

另一方面，垃圾分类适应农村家庭农场和庭院农业的生产方式。家庭农场的集约化生产可以充分利用农村土地流转优势，推动农业商品化和生产工业化。而庭院农业可以充分利用庭院空间，发展农副业生产，以提高庭院空间的利用率和生产率，满足家庭和社会的需要。X 镇采取偏远地区设置片区垃圾堆肥机器和镇垃圾中转站集中堆肥两种方式，对可腐烂垃圾进行堆肥处理。可腐烂垃圾经过生物菌种发酵处理，形成可利用的有机肥。充分利用小农生产和规模化农业的各自优势，以有机农业为主要发展导向，采取与生产大户签订协议和家庭农户自行取用的方式，对可腐烂垃圾的堆肥加以互惠性处理。这些有机肥免费送给当地村民种植苗木、蔬菜、果树以及养花等，实现了废弃物的循环再利用。

## 三 生活垃圾分类实践的地方经验

X 镇建立起较为完善的生活垃圾分类治理体系，采用技术治理为导向的垃圾处理方法，构建出以垃圾分类主体责任化、过程体系化和治理技术化等为特征的实践模式。如同 Marshall 和 Farahbakhsh（2013）对垃圾管理系统的分析，一个区域的垃圾管理系统是一个复杂适应系统，系统具有开放性、复杂性、自组织性、动态演化性等属性。这种颇具地方化色彩的农村生活垃圾治理实践，以垃圾分类的农村切合和互联网智能化管理结合为基础，把农村生活垃圾治理行为、制度与技术融合，串联起农村垃圾分类实践空间、农村生活垃圾分类处理对象和农村生活垃圾分类治理技术三个关联性实践范畴。

（一）分类过程系统化：从"四个阶段"到"三个重点"

垃圾分类作为现代社会应对垃圾增量和生活垃圾污染治理的有效方式，是一个系统化过程和多阶段体系。X 镇的农村生活垃圾分类系统工程，通过夯实分类投放、分类收集、分类运输、分类处理"四个阶段"和打造垃圾分类行为培育、垃圾资源化利用、垃圾分类过程监管"三个重点"，夯实垃圾处理系统化的分类过程。

一是夯实垃圾分类四分系统。X 镇农村生活垃圾处理，以分类为核心理念，以分类治理垃圾为手段，以垃圾减量化和资源化为目标，夯实农村生活垃圾分类投放、分类收集、分类运输、分类处理的"四分过程"及其有效链接。每个阶段都以物化的垃圾作为治理对象，把分类垃圾处理的有效性贯穿其中。尤其是实施"互联网+"垃圾分类之后，X镇农村生活垃圾四阶段分类处理系统，把前端源头分类、中端分类运输和末端分类处理加以过程分解、阶段镶嵌和全过程监管，不仅能够更加明确垃圾处理环节的主要任务和责任主体，还有利于多元主体合作模式的实践和垃圾减量化、资源化目标实现。X镇齐镇长说："没有'KL'之前，也实行垃圾分类，但是效果不好。有了智能化垃圾处理系统，我们镇的农村生活垃圾分类处理水平得到巨大提升，堪称升级版。每个阶段该干什么，由谁负责，达到何种效果，都有比较明确的定位和预期。"

二是打造垃圾分类三个重点环节。垃圾分类系统化和阶段性，既具有普适性和实践性特征，也需要区分环节重点和阶段串联。X镇利用互联网平台优势，以"KL"App智能化监管为基础，实现垃圾资源化处理产业链的两端延伸，打造垃圾分类行为培育、垃圾资源化利用、垃圾分类过程监管三大重点。前端农民生活垃圾分类环节，不仅利用"两委"干部分片包干、党员联系农户、红黑板公示、绿色家园公益协会等机制加以垃圾分类宣传、督查和考核，在具体工作中还为每户设置固定垃圾桶和二维码，并每百户配备一名督查员加以日常监护，力图让垃圾分类成为农民生活的一部分。垃圾资源化利用不仅始终贯穿垃圾分类各阶段，还通过可腐烂垃圾直接堆肥给农户使用、对接DF公司可再生垃圾循环回收利用和其他可燃烧垃圾到县垃圾焚烧厂发电等方式，将原先条块分割的生活垃圾处理各环节一体化，形成资源化处理的产业链。更为重要的是，利用"KL"App智能化监管平台，把垃圾分类处理各个环节都纳入大数据分析和监控体系，做到"垃圾有分类、分类有考核、考核有依据"的各环节无缝隙链接和无空白监管。

（二）分类方式技术化：从生活化治理到"互联网+"监管

垃圾分类作为现代化知识体系，带有城市文明和现代文化烙印。垃圾分类作为一种现代知识和外来技术被传入农村社会，需要一个过程加以适应和镶嵌，更需要一种技术化的操作勾连起生活、技术与垃圾分类的内在关联度和实践亲和性。X 镇通过两种方式对垃圾分类知识加以技术化操作，即垃圾分类生活化治理和"互联网+"垃圾分类数据监管。

一是垃圾分类生活化治理。X 镇把前端农民生活垃圾分类作为重点，力图实现垃圾分类与农民生活融合，让垃圾分类成为农户家庭生活的日常习惯，构建垃圾分类生活化治理模式。不但借助政策宣传、党员包户、妇女积极分子联系户等方式，把分类知识和分类技巧传达给家庭农户，增强居民的垃圾分类意识，而且利用"两委"干部分片包干、党员联系农户、红黑板公示、绿色家园公益协会等机制加以垃圾分类督查和考核，并为每户设置固定垃圾桶和二维码，每百户配备一名督查员加以日常监护。另外，通过"干湿两分"简单化、社区网点布置以及手机 App、电话预约上门回收等形式，使垃圾分类回收便利化，促进居民垃圾分类习惯养成；更通过积分兑换生活必需品等激励形式，提升居民参与的积极性。H 村村民说："以前家里的垃圾随便扔，没什么分类不分类的。现在不一样了。每天倒垃圾都能想到两件事：一是不能乱倒，各家都有垃圾桶；二是不能混倒，不分类不行。按照村里的要求，'垃圾入桶、垃圾分类'都成生活习惯了。"

二是"互联网+"垃圾分类数据监管。X 镇"KL"App 系统，是该镇自主研发的一套能将垃圾分类所有环节串联，进行大数据统计分析、有效监管考核的闭环操作系统。该系统主要有两大功能。

第一，利用互联网监管系统介入垃圾分类投放、分类收运、分类利用、分类处置"四分过程"，实现垃圾分类的全过程精准监管。例如，前端农户分类环节，为每户设置包含农户信息和联系农户的党员信息等的"KL"App 专属二维码，便于督查员督查和农户自查。垃圾分类清运环节，第三方清运工通过"KL"App 上的二维码扫描签到，系统后台将自动生成清运时间、地理位置等相关信息，清运工作人员需拍摄存放点清运前后的照片上传至 App 后台，镇管理员可以通过查看清运前的照片，了解村保洁员是否存在垃圾混装现象；通过对比清运前后的照片，掌握清运公司是否清运到位。

第二，借助互联网后台智能化分析数据建构"有效监控、精准考核、决策依据"三大治理机制，实现垃圾分类日常监管与主体监管、过程评估与结果评估的有机结合。系统管理员根据后台垃圾分类情况，不但可以对垃圾分类不同阶段的督查员、审核员、清运公司和再生资源回收公司等四个责任主体实施有效监管，还可以对各村、农户、保洁员、督查员的考核排名，可以精确计算出第三方公司的考核数据，以便利用后台统计数据准确展示垃圾分类治理成效，为垃圾分类考核提供科学依据。

（三）分类主体责任化：从多元合作到人尽其责

农村生活垃圾分类是一个多阶段、系统化过程，需要政府、企业、村庄与农民四方合作才能充分实践和达成目标。X镇的垃圾分类多元合作治理模式，建基于两种治理主体权责明确的合作机制。

一是构建政府主导、公众参与和市场介入的多元合作治理结构，明晰各方权责关系和行动边界。X镇政府利用公共服务提供者和服务购买者的双重身份，扮演监管者和指导者的角色，对村民垃圾源头分类与企业垃圾分类清运等行为，加以农村关系监管与村干部权力运作和大数据分析与视频监控的双重技术治理。LC保洁服务部、YC环保公司、GY固废处理公司和DF科技公司等四家公司作为服务购买，分别负责X镇可腐烂垃圾的清运、不可回收利用垃圾的清运、垃圾中转站的运营与维护、可再生资源的回收利用。市场化力量和企业服务供给，主要被政府用于垃圾分类的清运、处理和再利用阶段，真正实现了农村生活垃圾的分类处理与垃圾处理的专业化、"一家出资、多家购买"新型政企关系和"服务购买与服务提供"新格局，极大提升了垃圾分类处理效果和服务供给能力。而村民、村委会、党员积极分子和社区社会组织等社会力量作用发挥的空间，被限定和设置在村民源头分类阶段。通过农村社会力量的介入、动员和监督等机制的作用发挥，让垃圾分类成为村民的生活习惯和村庄事务，真正实现了农村生活垃圾分类的生活化治理。

二是源头分类治理的人尽其责。农村生活垃圾源头分类治理是整个垃圾分类处理的开端和关键。X镇在明确政府整体监管和负责资金提供、企业负责垃圾处理事务的治理逻辑后，把工作关注点和垃圾分类处理难点聚焦于农户源头分类。农户源头分类治理实现了垃圾生产者、收集者和监管者三种主体的责任明确化和垃圾分类监管的循环结构。一方面，垃圾源头分类主体角色化。不仅在家户、保洁员和村干部、党员等主体之间，制造出垃圾制造者、垃圾收运人和垃圾分类监管者的差异化角色，而且制度化明确了不同主体"合理-不合理"行为，并规定了不同行为所给予的应对之策。例如，家户源头分类的积分奖励和排名机制、保洁员的清运任务、党员联系户的监督责任等。另一方面，构建垃圾源头分类监管循环体系。X镇垃圾源头分类力图在家户、保洁员和村干部等责任主体之间，构建出"内在控制-外在控制"兼顾、多条监管链交织和延展的监管循环体系。例如，家户源头分类的自我监管与保洁员外在监管，保洁员受到家户、基层政府和企业、村干部等多方监管。X镇各村庄通过划分干部负责片区、党员负责联系户、政府与企业监管保洁员等方式，可以明确监督者的监管范围、空间和责任；村庄也可以借助熟人社会关系、排名机制、积分兑换商品机制，在片区间、农户间形成互相监管和相互切磋的分类生活化。在某种程度上，以政府-企业与村庄多方合作治理为基础，在村庄内构建出农户、保洁员、村干部、党员互为监督者的关系网。

城市化的加速扩展和现代化力量的持续推进，不仅带来农村生活垃圾种类增多和垃圾增量等消极后果，还把垃圾分类等现代技术知识和城市文明生活方式送到农村。垃圾分类作为环境友好行为和现代垃圾治理方式，在城市陌生人社会面临社区居民无法充分动员、社区组织治理能力不足、激励机制不健全与效果不佳等现实困境，导致城市生活垃圾分类制度整体面临"垃圾分类难以实施"的实践困境。这就对垃圾分类的技术推广、制度实践和治理成效提出了新要求，即垃圾分类需要一定的熟人关系作为社会基础，也需要强有力的组织体系和深度的生产生活环境切合。而农村社会为垃圾分类的良性运行和成效取得提供了有效的实施基础，亦为城市生活垃圾分类实践提供了有益借鉴。

浙江省 X 镇的农村生活垃圾分类实践经验，既为垃圾分类与社会基础的实践切合提供证明，也形成了可借鉴可推广的地方样本。一方面，农村城市化、农业工业化和农民现代化、社会流动等结构性力量，虽然对农村社会结构、农民生产生活方式、农村传统道德伦理等造成巨大冲击，但是农村社会原有的地缘血缘熟人关系、村"两委"组织与集体力量、人居生产生活环境，都为垃圾分类的乡村切合提供了不可或缺的实践基础。在国家推动新农村建设、生态文明建设和乡村振兴战略进程中，强化农业农村优先发展、强化村党支部的战斗堡垒作用、推动有机农业工程以及"法治、自治与德治"的治理机制等规制，更进一步有力地夯实和凸显了农村生活垃圾分类的社会基础。另一方面，X 镇侧重源头分类治理和互联网技术监管两大落脚点，以增强农民的垃圾治理意识以及资源化利用有机垃圾、因地制宜选择垃圾处理方式、简化垃圾分类形态等几个关键问题为治理重点，取得了良好的社会环境效益。不但形成了前端分类投放、中端分类运输、末端分类处理的完备的垃圾处理程序和重点环节，而且构建出垃圾分类生活化与垃圾分类技术化兼容、治理主体责权明确的垃圾治理结构。X 镇形成的垃圾分类处理系统化、治理技术网络化、治理主体责任明确化等体系完整的地方实践模式，既是法治、德治、自治融合和农村生活垃圾分类成功的典范，也为其他地区农村生活垃圾分类治理提供了学习样本。

垃圾分类在农村的后发优势与实践成效，为城市居民垃圾分类治理机制优化提供借鉴，譬如垃圾分类行为的约束性、治理手段的现实性、居民参与的组织化以及垃圾分类的生活切合等。垃圾现代分类的技术推广和实践应用，既是经济问题，也是社会问题；既需要持续的物质投入和经济支持，也需要动员公众参与和相应的社会基础。然而 X 镇垃圾分类在农村社会的情景化实践，仍面临农村社会结构转型、村庄变迁内耗、农村社会"去主体性"、政府资金投入压力等现实制约，以及农民垃圾分类行为外部化、垃圾减量化前端失衡、垃圾治理清洁化等现代性隐患。农村生活垃圾分类的现实难题与治理隐忧，既受到农村社会结构变迁、城乡环境治理二元结构的影响，也跟基层政府的压力型体制、事本主义等导致的垃圾治理目标与农村社会治理目标错位密切相关。而如何克服垃圾分类技术化困境与农村社会固有的社会弊端，以及在借鉴城市生活垃圾分类治理理念和技术的基础上，建构出符合农村社会环境、兼顾传统农村废弃物使用知识、具有可持续性的农村生活垃圾分类治理模式，仍是一个需要深化的研究课题和地方实践问题。

## 第三节　农村生活垃圾分类治理的"互联网+"模式[①]

垃圾分类作为应对我国消费社会垃圾几何级增量的有效方式和城市生活垃圾产业资源化技术，得到国家制度推动、政策倡导和领导人的高度重视。习近平总书记于 2016 年 12 月、2019 年 6 月两次对垃圾分类工作作出指示，[②] 强调推进垃圾分类有效方式科学化，要求大力推动垃圾分类制度普及。2017 年 3 月，国务院办公厅印发了《生活垃圾分类制度实施方案》（国办发〔2017〕26 号），拉开了中国现代生活垃圾治理的帷幕（李雯倩、单娟，2019）。同年 12 月，住房和城乡建设部印发了《关于加快推进部分重点城市生活垃圾分类工作的通知》（建城〔2017〕253 号），不仅确定了垃圾分类 46 个试点城市，而且通过了"垃圾分类工作三部曲"路线图，推动城市生活垃圾分类的地方实践和空间覆盖。随着中国"互联网+"创新模式的兴起以及互联网技术的普遍应用，利

---

① 本节内容曾以《"互联网+"垃圾分类的乡村实践——浙江省 X 镇个案研究》为题发表于《南京工业大学学报》（社会科学版）2020 年第 2 期，收入本书时有修改。

② 《垃圾分类：绿色生活方式新时尚-中国建设新闻网》，https://mhuanbao.bjx.com.cn/mnews/20171103/859181.shtml? security_verify_data = 3336302c363430，最后访问日期：2024 年 9 月 29 日。

用"互联网+"促进环境风险治理转型成为学界共识和实践创新来源之一（董海军，2019），垃圾分类领域亦开始进入智能化治理阶段。国家发展改革委办公厅印发的《"互联网+"绿色生态三年行动实施方案》（2015年）、国家发展改革委与住房和城乡建设部联合印发的《"十三五"全国城镇生活垃圾无害化处理设施建设规划》（2016年）等政策文件的出台，更是推动了"互联网+"垃圾分类模式的实践创新。"互联网+"垃圾分类模式率先在北京、上海、杭州、南京等城市推广应用。尽管"互联网+"垃圾分类的实践效果和运行模式存在"源头分类难以激励"（叶新，2016）、"原子化"的个体主义倾向（胡亮、陈嘉星，2018）等实践困境，但是"互联网+"垃圾分类作为破解城市生活垃圾分类难题的创新模式，获得各级政府推动和社区实践应用。

党的十九大报告将"生态宜居"作为乡村振兴的总体要求之一；《中共中央　国务院关于实施乡村振兴战略的意见》（2018年）中明确提出"加强农村突出环境问题综合治理""持续改善农村人居环境"；中共中央办公厅、国务院办公厅印发的《农村人居环境整治三年行动方案》（2018年）更是以农村垃圾、污水治理和村容村貌提升为主攻方向，提出加快补齐农村人居环境突出短板和进一步提升农村人居环境水平的行动目标。"垃圾围村"现实、垃圾污染环境影响以及垃圾资源化利用、垃圾治理清洁化等社会共识，推动垃圾分类农村应用与制度创新。虽然农村生活垃圾源头分类获得众多学者的认可（徐晓春，2003；杨晓波等，2004；马香娟、陈郁，2005），但是农村生活垃圾分类也面临设施不健全、农民分类意识不强、回收动力不足等困境（王君，2017）。就此，学者们提出了"资源化利用"（钟秋爽等，2014）、"就地分类回收利用"（郑凤娇，2013）、"循环经济的垃圾分类处理方法及运行管理模式"（裴亮等，2011）以及"构建农村社会的垃圾分类治理体系"（李全鹏，2017）、通过"趣缘、业缘、亲缘等社会关系来扩展农村社会资本及修复农村内部社会关系"（蒋培，2019a）等应对举措。已有研究对农村垃圾分类的困境分析、实践应对及其制度创新的建议具有启示意义，但仍面临如何操作和实施的技术性难题需要解决。垃圾分类作为应对现代社会垃圾问题的有效方式，既需要从城市到农村的空间覆盖和再嵌入，也需要借助互联网技术的普及，创新制度实施模式。而伴随着城乡统筹体制机制的完善、城乡公共服务均等化的实施以及互联网技术的普遍化应用，"互联网+"垃圾分类也成为农村地区完善垃圾分类制度和创新垃圾分类实践的有效方式。

本部分通过分析浙江省 X 镇①农村"互联网+"垃圾分类的农村实践和治理机制，总结"互联网+"垃圾分类的地方经验和存在问题，反思城市垃圾分类难以实施的实践难题（孙其昂等，2014），透视城市"互联网+"垃圾分类实践困境、推动农村生活垃圾分类制度创新。X镇在前期探索垃圾清运智能化的基础上，专门聘请当地一家互联网公司开发了界面操作和后台服务兼顾的软件系统"KL"App，并于 2017 年10 月开始投入使用。按照《D 市农村生活垃圾"三化"处理工作考核办法》的要求，到 2018 年底，D 市各行政村"KL"App 知晓率必须达到 100%，农户安装率必须达到 50%以上。2018 年，X 镇共有 1.25 万户注册并使用"KL"App，共回收再生资源 2099 吨，其中通过"KL"App 回收再生资源 524 吨。本书田野调查和资料收集主要是围绕 X 镇垃圾分类智能化管理系统——"KL"App 的线上操作和线下实践展开，主要包括三个部分：一是就 X 镇垃圾分类智能化管理的背景、运行状况和成效、现实问题等，访谈了 X 镇分管农村人居环境整治的副镇长；二是参与 X 镇 H 村、G 村两个示范村的农村生活垃圾分类过程以及"KL"App 现场使用和后台操作，并有针对性地访谈了村支书、保洁员、督查员和后台管理员、村民等 20 多人；三是通过互联网查阅和现场索取等方式，获得村、乡、县三级相关部门的"KL"App 系统垃圾处理数据和相关会议记录、工作报告等。

---

① X 镇地处浙江省金华市的县级市东阳市中部，距东阳市区 26 公里，辖区总面积为 98 平方公里。下设镇东、镇西、镇北三个工作片区，下辖 28 个行政村 75 个自然村，总户数为 1.67 万户，总人口为 4.2 万人。

## 一 四个环节："互联网+"融入垃圾分类的过程分析

垃圾分类是一个包含前端投放、中端清运和末端处理三个阶段或者"投放、收集、运输、处理"四个环节的闭环系统。垃圾分类主要实践困境在于，如何实现每个环节内的分类化处理以及不同环节之间分类化衔接的问题。X镇的"KL"App智能化处理系统，借助农户、保洁员、督查员等不同主体实践合作，将各自工作完成情况上传到后台统一汇总处理，把线上监管与线下实践合为一体。这种由点到面、积少成多的工作汇总和数据分析模式，实现垃圾分类"投放、收集、运输、处理"四个环节的有效监管，将垃圾分类不同环节串联并有序推进。"互联网+"融入垃圾分类"四分过程"，实现了垃圾分类收运和再生资源回收"两网融合"，保证了垃圾分类系统化和垃圾系统化分类两种处置目标的真正落实。

（一）以奖促查：积分兑换推动农户源头分类

源头分类是垃圾分类的关键，而难以动员公民广泛参与是垃圾分类的难题和实践痛点。X镇为破解垃圾源头分类难题，落实积分兑换激励机制，以奖促查推动农户源头分类。

X镇为每户家门口免费配备一个垃圾桶，并且张贴了一张包含户主姓名和联系党员等信息的农户专属二维码。农户可以通过手机二维码，链接"KL"App积分兑换系统，可自行查阅积分兑换规则和积分累计情况，并可随时使用积分兑换商品。X镇在"KL"App系统上，设置了农户分类基础积分、再生资源回收交换积分、督查员评估奖励积分三种积分方式。农户可以将每天垃圾分类情况拍照上传至系统后台，审核员审核通过后，可获得相当于0.1元的10个积分。农户通过垃圾投放奖励积分、再生资源售卖交换积分与督查员评估垃圾分类等级得分三种方式获得积分，可随时到村镇兑换超市、各行政村的自动售货机甚至垃圾分类宣传促销活动现场等不同兑换空间和场所兑换所需商品。

"KL"App积分兑换系统既是一个由"积分取得—积分兑换—积分

管理"组成的完整制度链条，也是一个从"虚拟的积分与排名"到"现实的商品与现金"的信息转化与资源分配过程。"KL"App 积分兑换系统的三种积分方式，既可以单独形成独立的兑换体系和自查机制，也可以加以整合而链接成更为体系化的综合评查方式。农户积分查询、农户分类积分排名以及督查员督查、党员联系农户排名等机制措施，只能给农户带来象征性的竞争意识和激励想象。农户积分兑换是实现农户线上虚拟账户与线下物质交换的重要方式，可以在垃圾分类行为与物质益处获得后果之间形成更有效的激励关系。

（二）以查促清：第三方"接力式"垃圾分类清运系统

X 镇为落实和实现 D 市垃圾分类"三化"（智能化、清洁化和社会化）目标①，在家户分类投放的基础上，要求保洁员每天上门分类收集农户垃圾，运到村临时存放点存放，再由引进的第三方 LC 保洁服务部和 YC 环保有限公司，分别负责清运各个临时存放点的可腐烂垃圾和不可回收利用垃圾。这既是一种由点到面、积少成多和蓄水成池的接力式垃圾清运方式，也是基于不同企业第三方对接不同垃圾及其处理方式的发包式清运。

X 镇的接力式垃圾清运模式，不仅把农户产生的分散垃圾集中到固定存放点和由不同的垃圾处理企业分类清运，而且通过二维码签到、分类与清运前后照片对比等信息化手段，把农户、保洁员、企业和政府勾连起来，实现了监管信息化、垃圾清运程序化与垃圾分类目标化。这种清运方式既可以保证村落垃圾集中化和农户垃圾日产日清，也能够实现不同责任主体明确化。例如，《D 市农村生活垃圾分类"三化"处理工作考核办法》等相关制度规定，要求保洁员工作到位，每日到户收集垃圾，做到日产日清，收集垃圾时二次分拣到位，清运无混装。

更为重要的是，政府通过垃圾临时存放点的专属二维码，不但可以监控第三方保洁员是否按时签到，还可以借助保洁员上传至 App 后台的

---

① 参见浙江省 D 市《关于实行农村生活垃圾分类收集处理的实施意见》（D 委办发〔2015〕23 号）和《D 市农村生活垃圾分类"三化"处理工作考核办法》。

清运前后照片对比，掌握垃圾清运是否达标。X 镇副镇长 Q 说："我们（镇政府）就是怕保洁员或者第三方公司混装，弄虚作假，才在 App 上弄的这个监管功能。原本农户分类投放了，清运的人员再混装，那垃圾分类白弄了。有了这个东西，我们不用每天派人去现场查看，直接在电脑上查看照片就行。这个东西不能作假。做不到分类清运，那就按照规定扣除企业钱。这也是个监管和保证。"

（三）"就地与集中"兼容的垃圾处理模式

农村生活垃圾末端处理既需要分类处理不同类别的垃圾，也需要不同的垃圾分类处理模式和兼顾农村社会固有属性。例如，农村社会生产、生活与生计"三生"融合的整体性空间特征，要求农村人居环境整治以"三生"为导向，把农村生活垃圾处理与农村"三生"属性充分融合。X 镇在垃圾分类处理环节，根据农村社会空间聚集情况和垃圾处理成本评估，在地理位置偏远和交通便利的不同行政村，策略性地采用"就地与集中"结合的方式以及智能化的监管机制处理垃圾。

一方面，构建就地与集中结合的垃圾处理模式。例如，X 镇 QT、NJ 等四个比较偏远的行政村，在统一建设且外包给第三方企业运营、养护的垃圾综合处理站，配置了低温热解机器和腐烂垃圾堆肥机器，对周边四个行政村的生活垃圾进行集中处理。而在其他 24 个行政村的生活垃圾处理上，由第三方 LC 保洁服务部将可腐烂垃圾清运到镇垃圾中转站，统一进行机器堆肥，这 24 个行政村的不可回收利用垃圾则由第三方 YC 环保有限公司运至市填埋场进行统一填埋。

另一方面，建立垃圾分类处理的智能化监管机制。无论是偏远村庄就地处理的村内垃圾堆肥，还是交通便利村落的腐烂垃圾集中堆肥与不可回收垃圾集中填埋，X 镇统一利用"KL"App 系统加以智能化监管。根据《X 镇垃圾中转站管理制度》规定，清洁公司到各村清运垃圾时，必须使用"KL"App 扫描各村垃圾房二维码，将垃圾房情况拍照上传，并保证上传信息准确、可靠、完整。第三方在处理垃圾前，将可腐烂垃圾和不可回收利用垃圾分别进行称重、拍照评分后，把信息上传至 App

后台。LC 环保部 M 经理说："这个智能化新模式，起到了很大的监督作用。垃圾是不是分类了，分类后是不是分类处理了，甚至分类处理后的数量和效果，都需要拍照后上传到 App，前后对照一目了然，作不了假。"

（四）"兜底式"再生资源回收系统

回收利用是实现垃圾减量化、资源化的重要路径。垃圾再生资源的回收利用通常面临回收渠道不畅、回收激励机制不足以及无法与垃圾清运系统有效对接等问题。X 镇垃圾回收智能化管理系统不仅拓宽了农户生活废弃物回收路径，而且重构了再生资源回收系统与垃圾环卫系统之间的融合方式。

一方面，建立再生资源回收系统，实施兜底回收机制。为有效促进再生资源回收，X 镇引入了第三方 DF 科技有限公司，建立了再生资源回收系统，在全镇布设了 1 个分拣中心和 22 个再生资源兑换超市，配备 4 名上门预约回收工作人员，对全镇再生资源实现分类回收，在对废纸等常规再生资源回收的同时，对旧衣服、废玻璃、有毒有害物品等低附加值再生资源进行兜底回收，做到应收尽收。农户可以将再生资源拿到村兑换超市进行售卖或兑换商品。再生资源兑换超市和预约上门回收机制，增加了废品收购者与农户之间的信息互通方式，也弥补了高附加值废品与低附加值废品在售卖关系中处理方式的差别以及农户对二者经济回报的认知差异。

另一方面，实施再生资源积分兑换制度。再生资源回收和积分兑换是 X 镇 KL 系统积分兑换的重要部分。农户可通过 App 实时查询最新回收价格信息，也可以通过 App 一键预约、电话预约等方式进行预约回收。工作人员进行回收时，将回收的品种、数量等相关数据上传至 App 后台，农户可以获得每斤回收垃圾 1 个积分的奖励，这种积分兑换制度，既可以鼓励农户实施垃圾分类和再生资源回收，也能够推动线下兑换与线上操作之间的有机链接。H 村黄姓村民说："现在的这个废品回收，都很方便。谁家要是有个纸箱子、旧电器什么的，可以直接去村里的商店兑换生活用品，也可以网上预约废品回收人员来家里卖给他们。自家卖废品不但可以换钱，还有积分可拿，也是可以兑换商品的。"

## 二　"互联网＋"形塑垃圾分类的三种机制

"互联网＋"垃圾分类作为垃圾分类治理创新模式，其实践旨趣是充分发挥互联网在垃圾分类中的组织优化和资源集中作用，利用互联网平台重构传统生活垃圾分类要素、环节与主体之间的关系，实现垃圾治理资源有效利用与服务优化供给。"互联网＋"作为一种以互联网为基础设施和创新要素的经济社会发展新形态，其主要优势在于把互联网的创新成果与经济社会各领域深度融合，推动技术进步、效率提升和组织变革（黄娟、石秀秀，2016）。"互联网＋"生活垃圾分类的制度实践，需要把互联网的平面化沟通、技术性监管与大数据分析充分融合进生活垃圾分类的各个环节和主体行动中，实现生活垃圾分类智能化与智能化生活垃圾分类的有机结合。X镇利用"KL"App生活垃圾分类智能化管理系统，借助互联网后台智能化分析数据构建的"有效监控、精准考核、决策依据"三大治理机制，实现了垃圾分类日常监管与主体监管、过程评估与结果评估的有机结合，获得了垃圾分类治理重大效益。

（一）全程实时监控有效加强监管

"KL"App生活垃圾分类智能化管理系统在功能设置上，对App后台管理员①开放了农户分类、督查员检查、垃圾清运等情况的查询和监察功能。App后台管理员可以根据后台生活垃圾分类情况，对生活垃圾分类不同阶段的督查员、审核员、清运公司和再生资源回收公司四个责任主体实施有效监管。例如，App后台管理员通过查看村庄督查员的检查次数、户数及评价等数据，对督查员每周是否按时、按质、按量完成检查任务进行监管；对第三方清运公司是否每天都在系统上打卡签到、

---

① 后台管理员是镇政府与网络公司专门培训的一名专职人员，负责全镇"KL"App垃圾分类智能化系统管理，其主要工作内容是，每天检查农户、保洁员和清运公司的垃圾分类处理情况，按照周、月、季度等节点，对农户、保洁员、清运公司等垃圾分类处理情况加以统计分析，实时统计全镇垃圾种类及其处理情况。

是否按照要求进行垃圾分类清运以及再生资源回收公司网上预约、兜底回收及其数量等进行监管。

X镇"KL"App系统黄姓管理员说："这个系统后台操作可以随时监管，发现问题及时修改。有一次我们例行抽查时，发现有一个村上传到后台系统的检查照片，督查员不管农户有没有分类，都评价为完全分类，有弄虚作假嫌疑。我们立即组织人员进行调查，并督促村里进行整改，通报批评，取消示范村和优秀督查员评选资格。"

X镇"KL"App垃圾分类智能化监管系统的随时抽查、后台监控和实时监管等多元化监控方式及其全程实时监控运作，既带有正规化、清晰化和制度化的现代社会治理特征，也重构了垃圾分类网络格局。垃圾分类智能化监管系统和全过程监控模式，一方面是一种压迫式惩罚机制和现代化技术监控手段，它把不同治理主体的垃圾分类行为程序化和程式化，并把相关责任主体展示于后台监控系统，尽可能挤压行动者非制度化行动空间；另一方面给传统意义上的垃圾分类收运与再生资源回收两大系统注入全新融合因素。垃圾分类智能化监管不仅强化了垃圾分类收运和再生资源回收各自系统运作功能和效果，还因生活垃圾分类收运与再生资源回收两大系统无缝对接和线上信息一体化，而呈现"以互联网为主干，再生资源回收与垃圾分类收运为两翼"的"三网融合"趋势。

（二）量化信息统计便于精准考核

农村生活垃圾污染问题的公共属性和党委领导、政府负责、社会协同、公众参与的社会治理要求，推动着农村生活垃圾治理的政企合作、政社合作、政府购买服务、项目制等现代治理模式的环境实践。类似于农村生活垃圾治理这种需要政府保持主导地位和政府在此过程中资源投入比例高的公共事务，更在意的是实现公共财政支出效能和政府购买服务水准达标。而如何精准考核相关责任主体的工作能力，并加以结果评估显得至关重要。

X镇利用"KL"App的信息汇集和数据统计对责任主体的量化精

准考核，不仅是一种结果导向的业务能力显示器，而且能够夯实垃圾分类不同阶段的主体责任感，推动垃圾分类实践机制与"四分过程"的内在衔接。管理员利用"KL"App生活垃圾分类智能化考核系统，几分钟之内即可完成对各村、农户、保洁员、督查员的考核排名，可以精确计算出第三方公司的考核数据。譬如，"KL"App生活垃圾分类智能化考核系统可以根据党员本户积分、联系户平均积分及排名情况，形成党员积分制管理计分依据，实现对"党建＋垃圾分类"工作的精准考核；根据再生资源交易信息，形成预约回收的完成率、低附加值废品兜底回收率，实现对DF科技有限公司兜底回收的精准考核；通过对各村垃圾临时存放点垃圾存放照片的分析，实现对村保洁员收集工作的精准考核；通过对清运公司签到次数的数据分析及清运前后照片对比，实现对清运公司的每日清运情况的精准考核。

利用"KL"App统计信息进行考核既有现场证据又有数据说服力，不管是谁都不能要赖。就像以前，清运公司的日常考核是通过清运人员每天在微信群里上传清运点的清运照片来实现的。这种方法存在清运人员每次可以用同一张照片的弊端，老板很容易就被忽悠过去了。X镇Q副镇长说："去年利用'KL'App统计信息对该公司进行了考核，按照每个点未清运一次扣200元的标准，两个月总共被扣除了7万多元，该公司老板当时目瞪口呆。"

（三）智能化数据分析为决策提供依据

"互联网＋"生活垃圾分类既是治理路径和模式转型的创新，也能够利用后台统计数据准确展示生活垃圾分类治理成效，为强化生活垃圾分类奖励与惩罚兼顾的社会机制、政府购买服务项目制运行提供科学依据。X镇"KL"App生活垃圾分类智能化数据分析，为基层政府生活垃圾分类工作提供了三种基本的信息数据和决策依据。

一是准确掌握垃圾分类量化数据。"KL"App垃圾分类智能化处理系统，会计算全镇的再生资源回收数量、清运公司处理垃圾吨数以及垃圾堆肥数量，并根据全镇垃圾总量，比较准确地计算垃圾减量率和资源化利用率。例如，X 镇 2018 年 3 月全镇垃圾总量为 817.2 吨，其中卫生填埋 372.9 吨，再生资源回收 350 吨，可腐烂垃圾 40.2 吨，低温降解垃圾 54.1 吨，减量率为 54.4%，回收利用率为 47.7%。这种可以依据周、月、季度和年等不同时间节点来计算生活垃圾分类处理的数量和质量的智能化模式，可以明确展示生活垃圾处理减量化、资源化、无害化的治理效能。

二是能够为公平奖惩提供参考。后台管理员和基层政府可以根据"KL" App 系统中的排名模块，对不同村庄、片区的农户数、检查次数和检查户数等加以工作率排名。根据后台排名信息，可为评选优秀村、优秀农户、优秀保洁员以及村民"红黑榜"等提供数据支撑。这种量化排名机制为政府动员村庄和党员，村"两委"动员村民提供了直接有力的说服，也实现了线上智能化、虚拟排名与线下道德压力、物质奖惩的对接。

三是为政府购买服务提供依据。农村生活垃圾分类治理不仅需要政府与基层社会的合作，还需要政府引入市场机制和企业力量，构建"政府-社会-市场"合作架构。农村生活垃圾治理的公共属性与"减量化、资源化、无害化"要求，需要在第三方企业的运行成本、企业利润与政府提供必要的财政支持之间保持平衡。这既是建设节约型政府的体现，也是垃圾处理资源化和产业化的表征。"KL" App 后台系统通过统计分析垃圾清运量、再生资源回收量等信息，科学地计算出各企业绩效和运行成本，从而为政府支付服务费用提供科学依据。X 镇 Q 副镇长说："以往对各第三方运营公司没有切实可行的评价依据，钱花了但事情没做好，花了很多冤枉钱。如垃圾清运，5 年前，与第三方公司签订了 75 万元/年，每年清运费用增长 7% 的 5 年服务合同。现在通过系统数据分析，摸清了底数，清运费用降到每年 85 万元以下，每年不增长，含税。"

## 三　"互联网+"垃圾分类治理经验与启示

农村"垃圾围村"的环境影响和垃圾资源化利用、垃圾治理清洁化等社会要求以及互联网技术普及应用，共同推动着"互联网+"垃圾分类在农村的应用及实践创新。互联网技术与垃圾分类的实践融合，以互联网智能化融入、促进垃圾治理"减量化、资源化、无害化"为目标。垃圾分类智能化治理模式，实现了"源头、清运、处理、回收"四个分类处理环节的封闭循环和"农户、督查员、审核员、清运公司和回收公司"五大治理主体的智能化监控，并通过互联网后台数据智能化分析构建"有效监控、精准考核、决策依据"三大治理机制，提升了垃圾分类治理效能。垃圾分类智能化治理呈现前端分类智慧化、过程监管可视化、因地制宜减量化、收运处置一体化的"四化模式"以及垃圾收运系统、再生资源回收系统和互联网技术的"三网融合"新趋势。

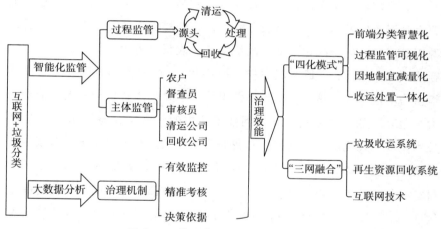

图 8-1　"互联网+"垃圾分类示意

"互联网+"垃圾分类作为垃圾处理的创新模式在农村地区的示范性应用及其社会环境效益的取得，既有农村社会环境治理的迫切性需求，也需要技术、社会、制度等基础设施支撑。互联网、监控设备、手机 App 等现代技术与政府服务购买、企业与政府合作的"PPP"模式等现代组织制度，为垃圾分类的集成化治理与远程化监管提供技术支持；而农村原有的社会文化网络、村"两委"动员能力与"政府-企业-村庄-村民"合作结构，则为垃圾源头分类提供了必要的社会基础。"互联网+"垃圾分类模式的良性运行和实践成效，既是垃圾分类设施的物质基础、互联网与监控等技术基础、政企合作的制度基础和农村熟人关系的社会基础四种基础封闭式链接的结果，也需要政府-企业的契约化监管-惩罚与政府-农户的互惠型约束-激励的双重动力机制的推动。

X镇农村智能化监管机制运行和垃圾处理前端分类智慧化、过程监管可视化、因地制宜减量化、收运处置一体化处理目标的实现，需要技术与社会兼顾的治理链接、惩罚-激励兼施的机制来推动，更需要互联网技术、硬件设施、管理制度和社会机制"四大基础"支撑。更为重要的是，互联网技术融入再生资源回收系统和垃圾收运系统"两网"各自内部运作和链接之处，呈现"三网融合"的实践创新。

需要清晰地认识到，X镇农村"互联网+"垃圾分类实施过程，主要由基层政府推动。无论是服务购买、人员配备还是资金支持，主要来源于基层政府的行政化推动和政绩动机。农村"互联网+"垃圾分类实践成效和长效运行，既面临农村"空心化"、政府资源有限性和农民环境参与不足等现实挑战，也需要警惕消费主义"大量生产—大量消费—大量抛弃"的生活方式、互联网技术监控的"权力渗透"和日常生活技术化等现代化隐忧。这就提醒我们要格外关注农村现代化与遏制生活消费中心主义的关系、行动者"去监视化"的权力抗争问题，以及农村空心化与城市中心主义发展模式、国家积极倡导与农民消极应付等结构性矛盾。而反思农村"互联网+"垃圾分类治理难题以及寻找破解难题的长效机制，是一个值得持续关注的学术议题。

# 第九章

# 农村生活垃圾城乡一体化治理中的问题

例如，我国山东、浙江等东部地区农村生活垃圾城乡一体化治理，作为一种创新型垃圾处理模式，既需要实现"户集、村收、镇运、县处理"四个阶段的外在衔接，也需要实现前端分类、中端清运和末端处理三个环节的内在衔接。农村生活垃圾城乡一体化治理的两种"衔接"及其关联性，还要放置于城乡融合的框架下加以理论分析与实践运作考察。农村生活垃圾城乡一体化治理，既是一个农村与城市两种空间、两种生活方式、两种服务模式不断融合的过程，也需要格外关注农村生活垃圾上移与城市生活垃圾处理模式下移的衔接问题。城乡融合背景下，农村生活垃圾城乡一体化治理在处理"两个融合"与"两个衔接"中，在源头减量、收集运转和末端处理的不同阶段，面临财政投入不足、农民环保意识薄弱和垃圾处理组织不畅等诸多问题。

## 第一节　农村生活垃圾城乡一体化治理模式运转问题

农村生活垃圾城乡一体化治理模式的实践运作及其效用持久性，受到政府重视程度、资金投入、机制建设、法规完善以及队伍建设、第三方监督等显性方面的制约。除此以外，调查区域内农村生活垃圾城乡一体化治理中的众多深层次问题需要关注。（1）在治理主体方面，过度自上而下动员，自下而上却参与不足。例如，过度依赖基层政府投入，市场参与不足和社会缺少参与；农民环保意识与环境权缺失；村落社区组织力量欠缺；等等。（2）在治理方式上，过度偏重城市生活垃圾治理模式，缺少村落地方性知识的应用以及不同村落垃圾治理具体方式差异性的考察。（3）在治理效用上，面临农村生活垃圾存量抽离与城市生活垃圾处理增量的矛盾、垃圾焚烧与掩埋以及沼气转化等技术治理的适用性问题、农村环境污染整体性与垃圾治理碎片化的矛盾等问题。具体到农村生活垃圾城乡一体化治理模式的具体落实和社区实践，统合性的"户集—村收—镇运—县处理"垃圾治理机制，也面临宣传不到位、前端预防不及时、模式运转不畅、环卫工队伍建设非职业化、末端处理不科学等问题。

## 一　前端收集：宣传不到位、村民整体环保意识淡薄

　　农村生活垃圾治理不彻底，很多地方没有做到位，农户生活垃圾没有分类甚至还存在随地丢弃与随意丢弃的现象。村民环保意识淡薄，村民缺少分类意识，不对垃圾进行分类处理，垃圾不分种类和干湿都被以"一锅端"的方式倒入垃圾桶。就像山东省滨州市 S 村环卫工 W 反映的"有人啥东西都往桶里扔，泔水也往里倒，要不就倒在路边。天热了，发臭得厉害"。政府在治理过程中没有向公众进行详细的说明，政府的宣传工作不到位或规制执行不彻底，是其中的重要缘由。在访谈中，当笔者问到"您了解关于农村生活垃圾治理的政策法规吗？"的时候，访谈对象纷纷表示"不清楚，不了解"。对于垃圾治理的宣传也只是在村里一两面墙上喷漆写着"保护环境，人人有责"，之后就再也没有任何关于垃圾治理的宣传出现。这样的宣传力度是远远不够的，不足以引起村民对垃圾治理的重视。

　　村民现代化生活中经济至上的发展观念没有转变，以追求经济利益和提高收入为目标，在生活中为了追求更高效益，过多使用化肥和农

药，再加上受多年传统生活习惯的影响，村民随意丢弃垃圾的现象普遍存在。村民没有在思想上认识到乱丢垃圾等不良习惯对环境造成的破坏，缺乏主动环保意识。例如，济南 W 村里每家分 3 个垃圾桶对垃圾进行分装，但目前几乎没有几个村庄真正得到落实。沿街的垃圾桶分类投放也没有引起重视，体现在两方面：第一，村民投放垃圾时都是随意扔到任何一个垃圾桶里，没有垃圾分类的意识和习惯，甚至有些小型工厂会直接把垃圾扔到就近的地点，连垃圾投放点都懒得去；第二，沿街配置的垃圾桶虽然标有可回收垃圾、不可回收垃圾、厨余垃圾、其他垃圾等字样，但由于村民投放基本不会进行分类，久而久之，这些分类字样干脆直接面朝墙壁或者字样完全模糊。同时，没有可以进行垃圾分类的装置，就不能对垃圾进行分类投放和收集。垃圾治理设施简单，缺少垃圾分类装置，使有分类意识的村民缺少垃圾分类的条件，无法对垃圾进行分类处理。如同村民 H 所说："人家城里垃圾桶都是能分类的，咱这就一个桶，只能啥都扔进去了，不然放哪呢？"

不只是村民的垃圾分类认识不到位导致产生的垃圾不能进行有效合理分类，滨州 M 镇上的垃圾中转站对垃圾分类收运和处理也存在问题，比如垃圾中转站进行压缩的垃圾大多为人们的生活垃圾，垃圾收运车辆运来这里的垃圾不会再次进行分类，而是直接进行压缩，再运往县里的指定地点进行集中处理。虽然一些有害垃圾会有专门的垃圾运输车辆进行拉运，但由于在垃圾收集的源头并没有对垃圾进行准确的分类，压缩时不再进行分类的话，也会有一部分有害垃圾存在，产生环境污染。

## 二　中端收运：模式运转不畅、环卫工队伍建设不完善

一方面，资金投入不足、基础设施不完善。在农村生活垃圾治理的各个环节都需要大量资金的长期投入，如垃圾处理基础设施的配备和养护、环卫工的工资发放等都需要大量资金。有的地区的农村生活垃圾城乡一体化治理资金，主要依靠政府财政，资金来源渠道单一，在沉重的财政负担下，垃圾治理资金投入不足严重制约了农村生活垃圾治理的发

展。即使有政府资金投入和市场化运作、适当收取垃圾清理费，也为农村配置了垃圾桶和垃圾运输车，使农村生活垃圾治理有了一定的设施，这些设施也是简陋的、不完善的，且不能完全满足农村生活垃圾治理需求。根据调查，村里缺少垃圾分类装置，对所有垃圾都采取"一锅端"的存放方式倒入一个垃圾桶。同时，垃圾清运车数量有限，往往造成对农村生活垃圾运输不及时，致使很多垃圾露天堆放；有的农村生活垃圾转运采用拖拉机或三轮车的敞开式运输方式，运输过程中容易造成垃圾散落、废水滴漏和产生臭氧等二次污染问题。环卫工 H 告诉笔者："垃圾运输车来村里清理的时间不固定，不及时，往往垃圾都撑出来，堆在地上很恶心、难看。有时候清运也是马马虎虎地，到处散落。另外，在镇收集方面，中转站收集车的收运路线是固定的，很多地方不在这个收运路线内，垃圾就不会得到及时的收运，若需要集中处理还需要雇用方加钱垃圾车才会去收。

另一方面，农村环卫工队伍建设不完善。环卫工薪资待遇低。临沂 N 村环卫工一致同意的说法是："工资一个月 500 块，上 6 个小时的班，收拾了垃圾又有人乱扔，被检查的领导看到了，还挨批评，干完这一年我就不干了，我们家里人也不想我干，活累钱又少。"通过环卫工的介绍可以发现，环卫工的工作意愿受工资的影响，所以，政府有必要加大环保队伍资金的投入力度，稳固环保队伍，避免因工资待遇不合理致使环保人员流失，影响垃圾治理进程的推进。

清洁工任务繁重，怨言多；奖惩制度不完善。村里清洁工的工作是将村民倒在公用垃圾桶里的垃圾进行简单的分类，当然，其中不缺乏不遵守规定随意乱投放垃圾的家庭和小工厂，对于这种情况清洁工还要进行垃圾的收集和统一投放，方便垃圾运输车辆能够运走所有的垃圾。但是上级领导只是进行简单的命令传达，很少站在村民、清洁工的立场去思考问题，比如，对于公用垃圾桶已经普遍存在的情况下，还有不少小工厂乱堆乱放，额外加重了清洁工的任务量，使其费时费力；再如，在严禁垃圾焚烧这一禁令下，一旦发现有违规现象，直接开除区域负责的清洁工，但对于有些人则不起作用，引起其他人员的不满；对于清洁工的奖惩制度，下发的文件更多的是关于惩的规定，而缺乏奖的回馈，对清洁工更多的是一种管制和约束；员工内部仍然存在很多免责的现象；等等。这就是上下级沟通不畅，上级不接地气、下属反映无门的状况，消息传达不及时，问题解决时间一拖再拖，导致有更适合的垃圾处理模式时无法进行整改和实施。另外，环卫工对环保工作认识不深刻。环卫工对环保工作认识不到位，仅将环保作为一份工作，没有从思想上认识到环保工作对环境的重要性。改变农村环卫工的思想认识，加强环卫工的职业化建设，任重而道远。

### 三　末端处理：设施不完备、处理不科学

垃圾末端处理环节存在众多隐患，譬如设施不完备、处理不科学以及规划不合理等。例如，济南 Z 区某镇上对垃圾进行简单处理之后运往县城进行统一处理，在访谈过程中了解到这一环节的处理方式是政府购买一处较为偏远的无人居住的地方进行垃圾的掩埋、焚烧等，剩余有用的一部分用来发电。但这个垃圾处理的过程也会产生很多污染问题：填埋的垃圾分解较慢，尤其是经过垃圾中转站压缩过的垃圾分解得尤为缓慢，会对土地造成不同程度的损伤，导致土壤失去活性，而且填埋垃圾时并没有对垃圾进行特殊处理，垃圾本身带有的有害物质渗透到地下水中，会污染水源；垃圾焚烧过程中产生的有害气体无法全部进行过滤处理，排到空气中会污染大气，破坏环境。

## 第二节　农村生活垃圾城乡一体化治理的
## 非预期后果

城乡环卫一体化的农村生活垃圾治理在有效清除农村生活垃圾，保持村庄清洁卫生的同时，带有"剥离性地方环境政策"（谭宏泽、Geir

Inge Orderud，2017）的两个内在特征，即政策制定将人从环境中剥离开来和政策实践将利益相关者尤其是公众的意见剥离。而带有"剥离性地方环境政策"属性的农村生活垃圾治理实践带来的非预期后果即伴随行动而来的，在行动计划、预料之外的后果（Chouvy，2013），有可能阻隔农村环境保护的有效性和乡村振兴的实现路径。

## 一 农村环境责任感消失

农村生活垃圾城乡一体化治理把农村生活垃圾纳入城市生活垃圾处理系统，实现了农村与城市两种原本截然不同的垃圾处理系统的对接和一体化，亦带来了农村环境责任感的消失。未实施农村生活垃圾城乡一体化治理之前，村民是垃圾的制造者、受害者和处理者，而垃圾处理方式更是嵌入乡村关系网和村规民约、"旁观熟人"等约束机制，村民需要持续关注垃圾污染和介入垃圾处理之中。国家与市场的力量通过收取一定的垃圾处理费、在村内设置垃圾桶等设备，成立专门的环卫工人队伍以及引入物业公司等方式介入农村生活垃圾治理事务。这改变了农村原有的垃圾处理系统，也消解了农村环境责任感和"家园意识"（罗如新、黄文芳，2007）。

一是随着政府与市场等外界力量的介入，农民从垃圾处理者身份抽身，变成了垃圾制造者和服务的购买者，而农村原有的自发和自主性垃圾处理模式，转换为契约化"购买-服务"的简单市场行为，使作为"自发的监督者"的个体就此缺席。P县每户每年收取24元的垃圾处理费，让村民觉得钱交了，自己丢垃圾，政府或者物业公司就应该收拾。这种市场化的交换逻辑，使农民交出了物业费和垃圾，也交出了对当地环境连带义务和互相监督的责任，以及契约化的"垃圾费-垃圾处理服务"的交换意识对互惠性社会责任的认知替代。如同保洁员王大叔所言："村民自觉性不行。乱丢垃圾，什么都往垃圾桶里放，有时候就扔垃圾桶旁边，或者自己门口，等着我们去收拾。要是跟他说放进垃圾桶，不要随地扔，他还生气，认为自己交钱了，环卫工就要随时随地打扫。邻居之间也不会过问，反正有环卫工打扫，大家都这么认为。"

二是国家实施的垃圾入桶、禁止乱丢垃圾等政策型约束机制替代了农村社区原有的约束方式和监督机制，但是这种禁止型法规的约束效力因其约束外部性、惩罚机制难以落实等原因大打折扣，呈现一种"旧约消失、新约无力"的约束机制异化的状况。P 县的 GS 村在实施城乡环卫一体化之前，农村生活垃圾问题比较突出，村民也颇有怨言。除了利用老人协会义务清扫村内垃圾外，村委会就利用村干部及其家属集中打扫和村委会雇用村民日常打扫两种方式免费给村里打扫垃圾。但是2014 年镇政府完全承接垃圾处理后，农村组织就撤出了垃圾处理系统，交给政府和物业公司来做。XGS 村孟主任说："2014 年之前我们村自己打扫卫生。我们村有盖的老年房，很多老人在那里住，就一起以老人（协会）的名义捡捡垃圾，也算锻炼身体，老有所为。另外，我们几个村干部有时候也带着家属一起集中打扫，要不上面来参观、检查太难看。当然我们村里自己出钱，雇了几个人也去打扫，但是效果不是很好。2014 年之后吧，政府就接管了，村里只负责协调就行了，先是交给镇上，后来就都给物业（公司）了，没村里什么事了，也懒得管了。以前谁家乱扔垃圾，村干部、左邻右舍看到了还说几句，现在都不说了。反正有保洁员和物业（公司）。"

## 二　城市生活垃圾增量与集中处理的环境非正义

农村生活垃圾城乡一体化治理在"城乡环卫一体"的名义下，通过城市生活垃圾处理系统消化农村生活垃圾的方式，实现了农村生活垃圾清除和农村整洁。在城市生活垃圾量逐年递增和处理压力过重的现实面前，农村生活垃圾集中到城市处理系统，进一步增加了城市生活垃圾处理难度和原有垃圾处理设施的压力，以及如何开掘新的垃圾处理设施选址的双重难题。目前来说，垃圾处理主要有填埋、堆肥和焚烧三种方式。因为堆肥面临技术应用不强、周期长、效益低等缺点，P 县主要利用填埋和焚烧两种方式来处理垃圾。P 县原先有一个垃圾卫生填埋场和一个小型垃圾焚烧厂，可以勉强处理县城和镇驻地的垃圾。P 县推行的农村生活垃圾统一运往县城一起处理的垃圾处理模式，不但脱离了农村生产生活场域，而且为保持农村清洁卫生，甚至存在"为清扫垃圾而不是减少垃圾"和考核乡镇垃圾运输量的问题。伴随农村生活垃圾上移和垃圾运输量常规化考核，P 县每天处理垃圾量增加了 500 多吨，对填埋场和焚烧厂的垃圾处理能力构成极大考验。

P 县唯一的垃圾填埋场①，不但存在将要填满的难题，而且从县城转移而来的垃圾给周边的村落带来了巨大的环境污染和健康危害，同时带来垃圾处理二次污染和垃圾处理设施新选址无法落地的环境非正义问题。但 P 县垃圾处理厂和焚烧厂的新选址，面临各种困境而迟迟无法落地。

农村生活垃圾上移和集中处理的城乡环卫一体化给城市生活垃圾处理系统带来压力，给垃圾集中处理的周边地区和村民带来了环境危害。如政治生态学者 Bennett（2010）所言：人类丢弃的垃圾，并不会如同我们想象的那样消失，而会以意想不到的方式影响着我们的社会生活。

## 三 农村社会分化与权力重构

农村社会分化和权力格局的现实不断被新的社会力量实践和重构。在权力、职业、教育、经济地位和权威等传统社会分化维度的基础上，农村生活垃圾城乡一体化治理政策及其实践的农村切入，不但强化了农村原有的权力格局，而且通过缴纳物业费、农村清洁工等维度，重构了农村分化格局和权力结构。

城乡环卫一体化政策的推动和基层实践，不但抽离了原本属于村庄内部的事务和农村义务，而且借助垃圾处理平台和合作治理机制，物业公司和基层政府嵌入农村内部的环境治理，并使村庄权力结构重新组

---

① P 县新的垃圾焚烧厂还在选址和筹划之中。县里唯一的垃圾填埋场远离 P 县城 30 多公里，于 2005 年建成。该垃圾填埋场已于 2021 年完成历史使命，现在处于封场整治阶段。

合，更加固化了村委会与基层政府的权力依附关系及村干部在村落内的权力密度。在国家逐渐抽身农村社会和农村流动性逐渐增强等社会背景下，村干部的权力基础和角色模式发生了根本性变化，即村干部逐渐沦为"撞钟者和守夜人"（吴毅，2001）。而农村生活垃圾城乡一体化治理实践进程中，村干部借助村庄、企业与政府合作的机会，不但完成了任务、物业公司的服务购买和村民美好生活的社区结合，而且通过向物业公司推荐本村村民做环卫工和监管本村垃圾处理情况等手段，实现了村干部能力的展示。而普通农民成为农村环卫工，不但在村庄内部型构出兼职化的职业群体，而且夯实了普通村民"村干部圈层"的认知框架。淄博 D 镇 H 村村民 W 说："我们村有五个环卫工。都说扫垃圾脏，没法干，但是一般人还真去不了。他们也是按时上下班，不像干农活，没日没夜，他们也不耽误干自己家里、地里的活，我觉得挺好。一个月好几百块钱，什么也不耽误。跟咱们不一样，要么在地里干，要么去外面打工，像我们这些年龄大点的，更没人要了。"

农村环卫工既受到本村村民的监督和村委会的指导，也归属物业公司管理和聘用，属于有组织、有工资的工作者。农村环卫工与物业公司的雇佣关系改变了或部分改变了村民外出打工或在家务农的农村原有的就业结构。每个村庄都出现了一批或者几个穿着黄色工装、推着小推车的清洁工，既赚工资，也被公司雇用，而且在村民眼前为村民服务，也不耽误自己家里做农活。这种农村环卫工的职业化和"既不离地，也不离乡"的就业方式，使与其年龄相仿、经历类似的村民既羡慕，也产生了差异感和疏离感。

# 第三节　农村生活垃圾城乡一体化治理的两种困境

农村生活垃圾城乡一体化治理作为垃圾治理创新模式，在具体实践和地方运作中面临许多预期或非预期问题。这些问题的生成，既可能是一个模式本身不完善引起的或者是在不断完善的过程中必然会出现的问题，也可能是治理模式与不同地方加以本土化改造后的适应问题，更可能是由治理模式嵌入其中的政治、经济制度或社会文化等结构性力量所引发的。当然，作为垃圾治理模式和系统工程，既是不同层级政府、企业、社会组织、村落和村民之间互动的过程，也需要资金、人力、设备、组织、制度、土地等要素之间的合作与引导，更需要把农村生活垃圾、农村生活空间、环境公共服务、城市空间等加以融合和重组。农村生活垃圾城乡一体化的复合型治理所导致的实践问题或困境，可以从以下两个角度加以综合与分析。

## 一　农村生活垃圾城乡一体化治理的结构性困境

所谓结构性困境是指由事物、现象或主体出现之前存在或需要嵌入的社会系统、政治体制或治理制度等社会结构导致的问题、困境和难题。

第一，社会结构及其变迁形塑的结构性困境。社会结构是一个复杂且含义不确定的概念。一般意义上的社会结构是指，一个国家、部落或地区占有一定资源、机会的社会成员的组成方式及其关系格局，包含人口结构、家庭结构、社会组织结构、城乡结构、区域结构、就业结构、收入分配结构、消费结构、社会阶层结构等若干重要子结构，其中社会阶层结构是核心。社会结构具有复杂性、整体性、层次性、相对稳定性等重要特点。农村生活垃圾城乡一体化治理进程中，社会结构及其变迁形塑的结构性困境主要有三种表现。

一是垃圾治理制度化与实践复杂性之间的矛盾。国家自上而下的治理项目、制度和规章，内在具有统一、程序、规范和格式等特征，会导致项目的推进和制度实践与现实生活、实际情况发生偏差。具体到农村生活垃圾城乡一体化治理项目、模式和制度而言，"户集、村收、镇运、县处理"的基本模式可能因为不同地区、不同村庄的社会经济发展水平和地理位置，对其贯彻的程度和实施方式会不一样。

二是农村工业化、现代化、过度消费等结构性力量导致的垃圾增量与治理能力有限的矛盾。在城乡不断融合的进程中，农村社会不断实现现代化，农民生产生活方式发生根本转变。生产生活废弃物在现代化生产生活和消费主义逻辑下不断增加。然而农村原有垃圾处理方式无效或被弃用后，农村新的垃圾处理方式和治理能力没有跟进。即使城乡一体化治理模式延展到农村地区，仍难以有效或在短期内破解这一难题。从源头上促进垃圾减量、再利用和回收是最根本的破解之路。

三是农民主体意识缺失与参与不足、垃圾治理结构失衡问题。农村环境治理结构和治理体系是党委领导、政府主导、企业主体、社会组织和公众共同参与的。而农村生活垃圾城乡一体化治理运行和实施主要通过政府推动，是一种政府自上而下推动服务下治的过程，导致垃圾治理的国家与社会力量不均衡。农村生活垃圾城乡一体化治理主要借助于政府行政力量的推动和企业资本的经济理性投入，导致过度依赖政府，社会力量参与不足。

第二，农村环境治理体制和治理制度引起的结构性困境。治理体制和治理制度是一种社会共识性知识结构和规范性行动规则。体制、制度一经产生就具有稳定性特征。农村环境治理体制和治理制度引发的结构性困境，如农村环境治理"制度整体性"与"实践选择性"目标分离、地方经济发展与环境保护兼顾难题、农村环境污染系统化与治理碎片化等。诸多困境是农村生活垃圾城乡一体化治理需要面对的问题。以农村环境治理"制度整体性"与"实践选择性"目标分离为例。农村环境的污染具有整体性，水、空气、土壤等均受到不同程度的污染。为应对农村系统化污染和危害的全面性，国家制定了一系列制度法规，目的就是最大限度地防止污染、保护环境、修复环境。但是每项制度对应的治理事务单一化，这就导致其主要关注某一项或单一污染源作为治理对象，而对其他事务或污染表现出漠然的态度。农村生活垃圾城乡一体化治理是在城乡一体化模式下，借助城市生活垃圾服务模式和处理方式来处理农村生活垃圾问题。这种制度或治理模式可能会带来只关注农村生活垃圾是否清除，而不能兼顾是否会给城市生活垃圾处理带来负担以及能否与土地污染治理、水体污染治理和农村人居环境整治等制度、项目结合运作。

## 二　农村生活垃圾城乡一体化的生成性治理难题

所谓生成性困境主要指农村生活垃圾治理实践引致的治理矛盾及其衍生问题。可能的困境包括：政府主导型垃圾治理成本过高与效果不佳，垃圾治理目标与农村社会治理目标整合困境，垃圾治理技术与农村生活环境的兼容困境，农村生活垃圾减量与城市生活垃圾增量等治理难题，以及垃圾处理"二次污染"与"垃圾再围村"的环境非正义、农民环境责任感弱化等衍生问题。这些问题虽然是在治理模式运行和治理实践中显现出来的，但是究其来源主要来自两个方面。

一是城乡二元结构、差异化服务供给机制等带来的问题。例如，在农村生活垃圾城乡一体化治理实践中呈现或者加以扩大化。

二是治理模式及其运行产生的问题。例如，农村生活垃圾城乡一体化治理过度偏重城市生活垃圾处理方式，面临农村生活垃圾减量与城市生活垃圾处理增量的矛盾，缺少村落地方性知识的应用和垃圾治理中"三农"（农业、农村与农民）问题关联分析等。还有农村生活垃圾处理技术的适用性问题。农村生活垃圾焚烧、掩埋和沼气转化等技术治理，需要切合村落社会历史和差异化的生产生活方式，也需要直面农村环境污染整体性与垃圾治理碎片化的矛盾。垃圾处理收运组织不畅。农村生活垃圾从户集到县处理的收运过程，面临农村生活垃圾"再下乡"、垃圾处理监督评价体系不科学以及垃圾处理企业购买政府服务的落地化等现实问题。

# 第十章
# 农村生活垃圾城乡一体化治理机制

农村生活垃圾城乡一体化治理问题的有效解决方案和长效机制，需要从治理环境到治理策略两个融合层面、三个逐渐具体化的方向加以建构。一是针对农村生活垃圾治理困境，优化农村生活垃圾治理体制机制环境和找到"制度-生活"生活实践切合的介入点；二是针对农村生活垃圾问题，寻找国家治理要求与村民生活需求的合意点，构建合作治理框架；三是具体到农村生活垃圾城乡一体化治理上，构建更为有效和优化的长效机制。

## 第一节　破解农村生活垃圾治理难题：
## 机制优化与实践切合

伴随着生态文明建设逐渐推进，美丽乡村建设、农村人居环境整治、健康乡村建设等乡村治理工程的深入开展，农村生活垃圾治理取得了巨大成效。农村人居环境得到持续改善，农村生活垃圾问题获得有效解决，但是农村生活垃圾治理存在诸多困境和问题需要解决。

### 一　优化农村环境治理体制机制

农村环境治理体制机制的完善和优化是解决环境问题与解决环境治

理深层次矛盾的关键。除了完善生态市场、生态补偿机制和生态修复机制，强化监督、考核、管理等行政举措外，农村环境治理还需要从以下三个方面下功夫。

一是强化城乡环境公共服务均等化和一体化。通过公共服务均等化，让人民群众共享改革发展成果是解决人民日益增长的美好生活需要和不平衡不充分的发展之间的矛盾的有力举措和迫切需要。在城乡不断融合与城乡公共服务差异现实下，积极推动城乡环境公共服务均等化和一体化，可以有效解决农村环境污染问题，是改善农村人居环境的有力举措和解决农村生活垃圾污染问题的政策导向与制度保证。城乡环境公共服务均等化和一体化的持续推进和真正落实，既需要国家的制度保障与政策支持，也需要在具体落实进程中做到服务、设施、人才和资源等不同服务要素的城乡均等、一体甚至向农村倾斜。具体到农村生活垃圾治理，农村生活垃圾既要有人收，也要有人运输，这就需要把城市生活垃圾治理的运输车、收运方式、垃圾投放技术和分类意识等下移到农村社会与农民生活。

二是借助环境友好型社区建设、村规民约、环境教育等契机，提升农民垃圾治理能力和增强农民垃圾分类意识。农村社区环境的改善和长久保持，不仅需要外在力量和社会组织等的介入，还需要村庄社会力量的调动和村民治理能力提升、环保意识增强。农村环境能否得以持久改善，宜居环境能否长期保持，与生活在其中的村民有着密切关联。农村、农业、农民与生活、生产、生态之间的关系更是带有一种"共同体"属性。只有充分调动起村民的环保意识与环保行动，村庄社会才能构建起利益共同体、生命共同体、道德共同体等复合式的共同体单元，才能有效推动农村人居环境持续提升和农村生活垃圾治理持续有效。农民环保意识和环境治理能力的增强，除了加大环保宣传教育力度、提高环保政策执行效能、提升环保效果与美好生活感知链接等已有方式，还需要从村庄内部挖掘生活传统和已有做法。例如，从家庭入手，从孩子或妇女、老人等农村常住人群入手，构建以家庭为核心的环保社区，营造农村环保氛围；借助原有的村规民约，调动社区互相监督与集体力量介入的传统，让生活化的环保方式和普通环保知识嵌入农村生活垃圾治理结构和农民生活结构、认知结构。

三是优化以政府、社会、村民等主体合作体系和"三治结合"的治理体系为基础的农村环境治理模式。构建党委领导、政府主导、企业主体、社会组织和公众共同参与的现代环境治理体系，为此中共中央办公厅、国务院办公厅于 2020 年 3 月 3 日印发《关于构建现代环境治理体系的指导意见》。在农村环境治理实践中，如何真正落实现代环境治理体系，提升现代环境治理能力，关系到农村环境制度效能和环境治理效益。为此，需要结合具体的环境治理对象、农村社会现实和治理制度，积极调动政府与农民"两个积极性"（王晓毅，2018）。不但需要加大政府对农村环境治理的财政投入、监管力度，而且需要积极提升农民的环境治理参与度和参与能力，以此优化政府、社会、村民等主体合作结构。与此同时，要把德治、法治、自治"三治"嵌入农村生活垃圾治理结构，让"三治"机制成为调动农村社会力量、优化治理结构的重要推动力。

## 二 农村生活垃圾治理制度与模式的实践切合

加强农村生活垃圾治理制度与治理模式的农村生活环境切合，是优化垃圾治理模式和提升垃圾治理效能的关键。整体而言，需要构建和实现"三种切合"。

一是实现农村生活垃圾治理与农村社会治理、乡村振兴目标的实践契合。在治理理念上，树立农村生活垃圾源头治理与城乡垃圾减量结合、垃圾治理的系统化与整体性统筹、垃圾治理切合农村环境与文化传统等理念。要在城乡一体化治理运作下坚持适度的"城乡分治"，根据不同村落（县城近郊村、乡镇行政村、普通农业村）实施差异化垃圾治理方式、增强村落地方性知识的应用等。农村生活垃圾城乡一体化治理不仅需要把垃圾移除，还需要厘清什么样的垃圾可以上移、何种垃圾可以就地处理。例如，农村特殊的生产生活环境决定了生活垃圾都可以通过农民自己的生产生活过程得到解决。更为重要的是，需要走出治理垃圾的环境优化与物化治理导向，要把垃圾治理作为一个载体和系统，不但要与农村社会治理和乡村振兴联结，而且要为实现农村社会整体发展发挥作用。

二是提升现代化垃圾治理技术、知识与农民生产生活方式的切合度。就农村生活垃圾收运设施建设标准来说，我国农村生活垃圾收运设施建设标准还是参考城市标准，但是农村各项基本条件与城市差别较大，当前还是要有针对村镇垃圾处理特点的收运设施标准。要建立相对完善的生活垃圾收集和处置技术体系，即健全源头分类收集、封闭式运输、无害化填埋的完整标准体系，还需要一段时间。现在需要针对农村生活垃圾填埋场渗滤液、填埋气的收集、处理以及监测给予技术指导，进而以《农村生活垃圾分类、收运和处理项目建设与投资指南》为指导，把城市、现代化垃圾治理技术、知识和设备嵌入农民生产生活方式、居住环境，让二者能够在垃圾治理进程中合二为一。

三是以垃圾处理"四级"模式和"4R"原则①为基础，针对不同类型的人居环境区域和村庄实施分类指导、因地制宜。"户集、村收、镇运、县处理"的四级垃圾集中收集处理运作体系，可以实现垃圾从农村地区抽离和城乡垃圾处理方式的一体化，但是需要实现农村生活垃圾的减量化和再利用，就必须借助"4R"原则对农村生活垃圾处理模式加以重构。垃圾处理"四级"模式与"4R"原则在农村生活垃圾治理中的兼容与重构，虽然可以实现对垃圾的有效整治与垃圾问题的解决，但是其程序化规则与固定化逻辑也需要加以解构。例如，对农村社会的现实状况与生活环境缺少敏感性。在坚持农村生活垃圾城乡一体化治理的框架下，构建农村生活垃圾城乡二元化处理模式，坚持"宜乡则乡、先乡后城"的治理原则，提升农村生活垃圾治理模式的农村切合度，既

---

① "4R"原则，即对垃圾处理的 Reduce（减量）、Reuse（重复使用）、Recycle（再生）、Replace（再回收利用）的简称。

有益于农村生产生活，也可以减少城市生活垃圾处理压力及其相关社会问题的产生。政府就此需要积极制定及下发关于农村生活垃圾治理的相关有效文件，做到垃圾治理系统化、规范化、细节化，积极引导不同的村庄在借鉴城市生活垃圾治理模式的大框架下，探索、完善适合自己村庄的一套垃圾治理模式。

## 三 农村生活垃圾处理方法的现代技术与传统知识兼顾

当前无论是农村生活垃圾分类还是农村生活垃圾城乡一体化治理，均是现代城市生活垃圾治理技术在农村地区的引入、应用和移植。现代化的垃圾处理技术和组织方式、运转模式有其科学性与可取性，讲求结果导向与效率优先原则，但是也面临技术风险、组织惰性和形式主义等固有缺陷。这就需要充分发挥农村社会力量来优化和弥合现代垃圾处理技术缺陷，也需要把传统农业生产生活废弃物处理方法与智慧融合进现代垃圾处理模式。农村生活垃圾处理方法的现代技术与传统知识链接，需要从两个方面入手。

一是有效实现农村生活垃圾治理不同阶段和层面之间的链接，实现现代垃圾处理模式运转顺利。现代化垃圾治理是一个蕴含前端分类、中端运输和末端处理的多层次、多阶段过程，也是村民、企业、政府、社会组织等多主体合作的过程。要提升农村生活垃圾治理效能，就需要对垃圾治理过程内不同阶段和不同主体之间的关系和互动模式加以创新，实现有效链接。例如，农村生活垃圾城乡一体化治理模式运转有效，需要实现两个链接，即"前端分类—中端运输—末端处理"的垃圾处理过程链接和"户集—村收—镇运—县处理"的行动主体链接。

二是充分挖掘农村生活智慧和传统处理方法，实现现代技术与传统知识的链接。农村生活垃圾治理不但需要前端分类、过程监控与末端科学处理等垃圾清除的现代组织-技术的有效链接，还需要纳入村规民约、有机农业知识、勤俭节约的文化传统等人文社会因素，实现农村生活垃圾生活化治理与农村生活垃圾治理的生活化。这就需要对农村生活常识、农村传统文化和农业生产知识等具有本地化的生活智慧和村规民约加以创造、再利用。既要使农村社会生活智慧成为现代垃圾处理技术的有效补充，也要把传统垃圾处理方式作为与现代垃圾治理技术并驾齐驱的模式。

## 第二节　农民与政府合意为基础的农村生活垃圾治理

人类生产生活废弃物和垃圾处理的漫长历史与伴随现代社会而来的垃圾问题的历史阶段性之间的时空差别和非线性关系，是一个重要的环境现实问题和学术议题。农村社会生产生活废弃物是否转化为垃圾，垃圾是否构成农村社会环境问题及农村生活垃圾处理方式和治理体系，不仅受到垃圾种类与成分、垃圾产生机制、治理主体环境意识等影响，而且深受社会经济发展阶段、农村生产生活方式以及国家意识形态等结构性力量制约。农村生活垃圾不仅是农民生产生活空间的"有机景观"和日常生活元素，而且构成基层政府及其代理人需要解决的社会问题和治理对象。农村生活垃圾及其治理构成普通村民与基层政府、环境保护与生活需求等在基层社会相遇的空间。

基层政府与农民合作治理农村生活垃圾和解决农村生活垃圾问题，既是共建、共治、共享社会治理机制的体现，也是农村环境迈向总体性治理的切实需要。农民与基层政府在农村生活垃圾治理中的关系、谁能解决农村生活垃圾以及如何解决农村生活垃圾等相关资源、知识、技术与权力问题，不仅需要加以重新认知，而且需要借助历史视角重新反思政府与农民合作治理垃圾的经验，以便为乡村振兴战略实施和农村环境有效治理，构建政府与农民新的合意性合作提供思路和框架。新时代农村生活垃圾问题的解决，需要在切断农村生活垃圾问题生成的基础上，重构政府与农民的合意性合作关系。合意指双方意见一致和称心如意。

与一般的同意、满意等近义词相比，更注重对彼此主体性的强调、主体意愿的表达和基于双方沟通、利益与意愿之上的结果的认可。政府与农民合作关系中的合意性，既需要贯穿整个过程，也需要体现结果互惠与阶段性反思。这就需要把农民与国家的合意性贯穿进农村生活垃圾治理体系和治理进程，把农村生活垃圾问题的解决真正立足于农民生活意愿与国家政治意志的结合点，把社区作为农民与国家合意性治理的载体，构建"五个统一"的农村生活垃圾治理框架。

一是农村生活垃圾治理主体多元且权责统一。农村生活垃圾治理既是公共事务和公共服务，也需要社会组织甚至农民个体参与以及市场化机制的推动。国家、市场与社会合作是农村生活垃圾治理的必然路径，而多元主体的权责和行动范畴明晰是实现农村生活垃圾合作治理的关键。例如，突出政府作用、财政拨款和主要责任，尊重农民的生活意愿、激发环境采纳与积极性和培育环境保护意识，以及监管物业公司的"收费-服务"的契约化行为等，而村委会等村集体组织也需要起到承接政府、监管物业公司和教育村民的作用。

二是构建垃圾源头分类与末端分类治理的有机链接。农村生活垃圾治理以及农村生活垃圾问题的解决，需要加大"两头"治理力度及强化其有机链接。从农民生产生活实践入手，从源头上实现绿色消费、垃圾减量甚至零废弃、垃圾分类等。而在构建合理的垃圾处理方式、完善的规章制度和建设科学的垃圾处理设施的基础上，把垃圾堆肥、焚烧、卫生填埋、沼气等垃圾处理方式有机结合，达成垃圾末端处理的科学化与有效性。

三是重塑农村社会与自然的家园一体化。农村社会与自然之间原本和谐共生的融合关系，被现代化的生产生活方式与思维逻辑打破。要实现农村生活垃圾问题的有效解决，就需要重塑农村社会与自然的家园一体化关系。这不但需要在现代农民精神世界重塑"天人合一"的传统自然观和植入"生态中心"的现代环境思维，而且需要在日常生产生活实践中构建农村社会与自然资源之间流通均衡机制，实现农村生活垃圾、农村社会与自然环境之间的循环转化。

四是教育监督与村庄村规民约的共同约束机制。农村生活垃圾治理与垃圾问题的解决，既需要内在的环境保护意识增强和生态人的塑造，也需要外在的监督约束。一方面，需要国家自上而下和社会组织从外向内，通过宣传、灌输和教育、监督等方式，达成农村社会环境治理和农村生活垃圾处理的有效性，培育具有生态保护意识和生态环境行为的新时代农民；另一方面，也需要发挥农村社会传统文化、生态智慧和乡规民约的内在力量，既要发扬生态保护和环境治理知识的现代价值，又要抑制破坏生态和环境污染行为。

五是城乡环境统筹治理。这既需要城乡环境统筹的环境治理理念和城乡生活垃圾一体化治理的制度设置，也需要在垃圾治理机制、垃圾处理方式以及垃圾处理资金等方面实现城乡互通有无。城乡环卫一体化既需要把农村生活垃圾纳入城市环卫系统以及现代城市生活垃圾处理体系下移至农村，又需要在反思现代化垃圾处理模式和吸收传统生活垃圾处理元素的基础上，实现城市生活垃圾处理体系与农村传统生活垃圾处理模式互嵌、农村生活垃圾上移与就地化处理的有机衔接。

## 第三节　农村生活垃圾城乡一体化治理机制创新

农村生活垃圾治理是处理人类生产生活过程中末端资源的过程，其实质是资源分配和服务供给的过程。从这种意义上来说，农村生活垃圾城乡一体化治理就是城乡之间在垃圾回收、服务传递、资源互通等方面的占据、分配与调适。通过文献梳理和田野经验，主要从以下几个方面创新农村生活垃圾城乡一体化治理机制。（1）多元利益主体参与机制。坚持政府主导、市场介入和社会参与的治理结构，扩大社会组织、村落力量和公民参与范畴，强化农民环境意识和环境教育，形成个人-家庭-村庄-国家/市场多元主体参与治理体系。（2）多种资源动员机制。

政府提供公共服务和政府购买服务结合，鼓励企业资金与技术参与，因地制宜地实施家庭垃圾收费。（3）垃圾治理监督评估机制。坚持垃圾治理的物化成效与环境意识的双向评估，构建"政府-企业-第三方"外部评估与"村民-胡同-村落"内部监督并行的监督评价体系。（4）农村生活垃圾差异化治理。农村生活垃圾源头治理与城乡垃圾减量结合，坚持适度的"城乡分治"、垃圾"进城"与"留乡"并存的治理方式，根据不同村落实施差异化垃圾治理方式、增强村落地方性知识和传统文化的应用。

## 一　提升农民垃圾治理参与能力和增强农民的环保意识

公众参与是农村生活垃圾治理的重要途径。要在共建、共治、共享的治理格局以及政府为主导、企业为主体、社会组织和公众共同参与的治理体系下，把农民纳入垃圾治理的整个体系和过程中，实现垃圾处理技术、管理体制和社会参与等要素多维度的融合和机制创新。

一是加大宣传力度，让政策与文件精神走进农民生活。农民既是农村生活垃圾的生产者，也应该是首要责任人。农村生活垃圾上移至城市处理系统，既要遵从"谁污染、谁付费"的市场逻辑，也要把乡村环境的责任感培育和自然友好的生活方式纳入垃圾处理体系。相关部门可以通过多下乡宣传普及环保知识，通过在公共场所张贴环保宣传海报、分发宣传单页以及运用电视广播和新媒体等将我国的垃圾污染现状、危害以及垃圾分类的环保知识传递给村民，让村民了解垃圾污染的危害，从而增强村民的环保意识，使他们意识到并改变自己错误的生活习惯，从源头上减少农村生活垃圾的产生量。

二是通过环境友好社区建设，把人（农民）的教育提升到与物（垃圾）的处理同等重要的地位，把农民参与垃圾治理和环保行动的能力和意愿作为农村生活垃圾治理的重要面向，亦即通过加强对农民资源循环利用、适度消费以及垃圾分类等环保知识的输入，提升农民生活垃圾治理能力和增强他们的环保意识。积极发挥社会组织的作用，动员社会组织开展大量的环保意识普及和教育活动，推动公众积极参与环境保护活动，为社会提供政府和企业难以提供的许多公共产品，推动中国环境保护行动的发展。亦可以通过社工介入对村民进行垃圾治理教育或者链接在环境保护领域非常著名的社会组织资源开展一系列教育活动，增强村民的环保意识。如开展垃圾危害知识竞赛、环境保护讲座等。正如青岛 G 村民所提议的："政府可以安排一些知识分子到村里开展关于垃圾治理的好处与坏处的村内集体活动，加深村民对垃圾治理的了解和提升其参与的主动性。"

三是广泛动员群众，营造齐抓共管的良好氛围。群众没有发动起来，就不会收到好的效果。当前，发动群众参与垃圾治理的关键在于建章立制，营造齐抓共管的良好氛围。各村要建立宣传引导机制，加大宣传力度，向村民广泛宣传垃圾治理的必要性，使村民改变陋习，做生态文明的模范村民。充分利用广播、电视、短信、报纸等村民能接触的媒体，宣传农村生活垃圾治理工作。"农村居民的生活垃圾分类行为受到村庄制度与亲戚朋友等周围人行为的影响，生活垃圾治理的相关村庄制度越完善，周围人参与分类的积极性越高，农村居民的生活垃圾分类行为随之增强。"（贾亚娟等，2022）要充分发挥地方各级政府和村委会在社区、村庄环境卫生管理和建设中的作用，激发公众对环境卫生管理参与的积极性，支持各类环境卫生志愿者组织的活动，通过公众参与政策制定、价格听证、规划公示、污染监督、权益维护等形式，实现环境卫生管理民主化、决策科学化。积极组建环保志愿者或协会组织，利用各种帮扶活动引导村民进行垃圾分类，可回收垃圾与不可回收垃圾要分开处理。同时，协调组织指导村民搞好生态创建等活动，让他们形成环保卫生意识。

## 二 完善垃圾处理体系与提升垃圾处理基础设施建设的科学性

生活垃圾处理体系和设施建设都需要科学规划、良好的运转系统和社会公众的广泛参与。这既需要在合作治理机制下，构建国家、社会与市场合作性伙伴关系，严格落实"户、村、镇、县"相关利益主体的权责和义务，也需要借助环境公民权的框架，在垃圾处理基础设施选址、建设和运行等不同的环节，广泛吸纳公众和受影响村民的意见。例如，加强上下级之间、政府与农民、政府与物业公司之间的良性沟通与交流。政府、垃圾中转站、垃圾处理小组长及清洁工之间进行有效的沟通和及时反馈，反映的问题上级多思考、多采纳，及时处理，下级人员也要多体谅，提供有建设性的意见，使垃圾收运进一步规范化。

进一步强化国家、市场与社会力量的有序参与，形成多元主体治理体系、环境保护的群众动员与公民参与相结合、加强村落社区组织和集体力量的参与等。例如，在垃圾处理体系运转资金方面，投资主体多元化，拓宽资金投入渠道，吸引各种社会团体力量携带资金参与到农村生活垃圾治理中来。还可以实行垃圾处理收费制度，让村民缴纳保洁费，这样不仅有利于减轻政府的负担，还有利于约束村民的行为。通过以上方式筹集资金并有效地利用资金，完善环保基础设施配套建设和加强环保队伍建设等。

## 三 加强农村生活垃圾治理中的监督机制建设

构建一种政府、社会与市场互相监督的立体化监督机制。在村庄内部，要坚持村委会的组织领导和村党委的政治领导，加强对环卫工工作、村民生活垃圾收集的集体化监督，建立基于垃圾集中化处理的村庄组织监督机制和通报制度，充分发挥乡规民约的积极作用。譬如，村委会可以将垃圾治理的相关工作在村务公告栏进行公示，让村民了解村委会的责任和义务，当村委会对违纪行为不作为时，村民可采取向上级政府举报的措施，对村委会的工作进行监督。村委会对于村民违反垃圾治理规则的行为及时进行教育，情节严重的可采取严厉措施，如当发现不可焚烧垃圾时，不按规定采取焚烧的措施处理垃圾，第一次可采取教育的方式，帮他认识到焚烧的危害性，如果几次都没改，可采取批评、罚款的措施制止其不合理行为。

村民内部和邻里之间，也需要强化环保意识和村庄环保责任感，重新建立村民的旁观者-参与者的双重身份，让农民成为农村生活垃圾处理的主体性得以重建，让村民自己的垃圾处理行为和环卫工的垃圾处理工作得到村民自己的社区监督。譬如，每个村民都是监督者，村民之间互相监督，推动农村生活垃圾分类工作，提升农民参与生活垃圾治理的积极性。

另外，还需要通过第三方、政府监督以及村民举报等形式和手机、网络平台，加强对物业公司处理垃圾的不作为或违约行为，譬如偷倒垃圾、不按时运输垃圾、垃圾量不够等的监管。

## 四　加强农村环保队伍建设

农村生活垃圾城乡一体化治理是一个"人、制度与技术"兼顾和融合的多维体系。农村环卫工队伍既是影响农村生活垃圾处理成效的重要因素，也是农村生活垃圾城乡一体化治理模式的内在有机组成部分。在加强制度建设和技术提升的同时，也需要加强农村环卫工队伍建设。需要把农村环卫工群体的实际需要、职业技能和劳动权益等切实嵌入农村生活垃圾治理体系之内，也需要在薪酬保障、激励机制等方面推动队伍建设，更需要在垃圾处理的基本清理设施和必要的工作条件保障上做足工作。

一方面，加强农村环卫工职业化和专业化。根据不同地方的调查，村民普遍反映的问题是：垃圾在清运环节处理不及时，致使垃圾总会溢出垃圾桶，而且到处可见散落的垃圾。所以有必要对环卫工进行农村生活垃圾治理专业知识的宣传和培训，让他们了解农村生活垃圾治理的迫切性及时清理垃圾。同时，为环卫工配备充足的合理的垃圾清理设施，让他们有更好的条件来清理垃圾。

另一方面，提升农村环卫工的福利待遇和保障其劳动权益。据临沂 P 县 S 村的环卫工介绍，他们每天工作 6 小时，工资每月 500 元，年终奖除了发生活用品，就没有其他的福利和待遇了，很多人打算做完这一年就不干了。由此可以看出薪金是影响环保队伍建设的重要因素，所以有必要保证他们的薪金和必要的劳动者权利，如缴纳失业保险、工伤保险等。

## 五　构建多元化资金筹措机制

农村生活垃圾城乡一体化治理是一个政府主导、自上而下推动的公共服务项目，其主要资源和财政来源于政府投入，而垃圾治理的资金短缺一直是该治理模式的短板之一。中央政府采取了财政投入、"以奖促建"和项目制等诸多财政投入方式，如 2009 年中央安排 1032.5 万元财政经费，重点支持湖南、湖北、安徽、四川和重庆等 17 个省（市）的 112 个村实施农村清洁工程试点示范。2013 年 7 月 1 日，财政部发布《关于发挥一事一议财政奖补作用推动美丽乡村建设试点的通知》，提出实现道路硬化、卫生净化、村庄绿化、村庄亮化、环境美化等目标，改善村容村貌和农民人居环境。

市场化运作是农村生活垃圾治理的有力手段。例如，为降低垃圾处理的成本，自 20 世纪 80 年代以来，美国就开始普遍采用招投标制度将垃圾治理服务承包出去。美国曾经对大约 315 个地方社区的固体垃圾收集的调查显示，私营机构承包要比政府直接提供这种服务便宜 25% 的费用。2012 年，由独立的研究组织提供的报告显示，私营机构承包使街道清扫费用节约 43%。当然，在农村生活垃圾收运处理领域，已经有不少地方政府尝试与企业合作，采取 PPP 模式运作。如山东省采取合资、合作、PPP、BOT、TOT 等多种方式，鼓励社会资本投资、建设、运营农村生活垃圾收运设施，目前该省 30% 的垃圾处理场有社会资本投入，吸引资金 50 多亿元。再就是加强融资支持。鼓励金融机构为相关项目提高授信额度、增进信用等级。创新信贷服务，支持开展排污权、收费权、购买服务协议质（抵）押等担保贷款业务，探索利用垃圾处理预期收益质押贷款。

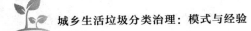

多方引资加大投入，共同完善农村生活垃圾处理设施。农村生活垃圾治理工作中的基础设施建设、清扫保洁工具设施的维护和清扫保洁人员工资、托运人员工资，都需要一定的资金支持，任何一个环节出问题都会影响工作的实施。通过政府投资、社会集资和农民投资投劳的方法，集中财力物力解决农民关心的垃圾治理问题。镇村要加大农村生活垃圾处理的投入力度，确保农村生活垃圾处理支出有预算，落实资金。加快建设垃圾中转站、中转点等基础设施，加紧配置满足运转要求的垃圾运输车辆和分类垃圾桶。要在全域内统筹考虑，积极创造社会资本参与农村生活垃圾治理的优惠政策和良好环境，引导多方投入，共同建设农村环卫基础设施。

# 参考文献

阿瑟·莫尔、戴维·索南菲尔德，2011，《世界范围的生态现代化——观点和关键争论》，张鲲译，商务印书馆。

安东尼·吉登斯，2011，《现代性的后果》，田禾译，译林出版社。

巴里·康芒纳，2002，《与地球和平共处》，上海译文出版社。

北京市习近平新时代中国特色社会主义思想研究中心，2020，《治理之道：加快推进市域社会治理现代化》，《人民日报》7 月 21 日。

毕学成，2020，《城市生活垃圾分类困境与摆脱：基于居民社区参与视角》，《宁夏社会科学》第 4 期。

蔡丽霞，2015，《基于生态文明建设的环境教育校本课程设计与评价》，《中国人口·资源与环境》第 S2 期。

曹海林，2021，《公众环境参与：类型、研究议题及展望》，《中国人口·资源与环境》第 7 期。

查尔斯·哈珀，1998，《环境与社会——环境问题中的人文视野》，肖晨阳等译，天津人民出版社。

晁玉方、郭吉涛、杜同爱，2016，《中国城乡一体化研究综述》，《河海大学学报》（哲学社会科学版）第 1 期。

陈阿江，2012，《农村垃圾处置：传统生态要义与现代技术相结合》，《传承》第 1 期。

陈阿江，2015，《"撤乡变村"后的环境问题及其分析》，《南京工业大学学报》（社会科学版）第 3 期。

陈阿江，2016，《环境问题的技术呈现、社会建构与治理转向》，《社会学评论》第 3 期。

陈阿江、吴金芳，2016，《城市生活垃圾分类处置的困境与出路》，中国社会科学出版社。

陈蒙，2018，《保甲制度对城市居民垃圾分类路径和机制的借鉴价值》，《人文杂志》第 12 期。

陈绍军、李如春、马永斌，2015，《意愿与行为的悖离：城市生活垃圾分类机制研究》，《中国人口·资源与环境》第 9 期。

程志强、潘晨光、蒋承，2011，《中国城乡统筹发展报告（2011）》，社会科学文献出版社。

崔晶，2021，《政策执行中的压力传导与主动调适——基于 H 县扶贫迎检的案例研究》，《经济社会体制比较》第 3 期。

崔晶、亓靖，2017，《邻避事件中地方政府行为选择探析——以北京阿苏卫邻避抗争事件为例》，《南京工业大学学报》（社会科学版）第 4 期。

董飞、扶满红、吴笑天、彭小玲，2021，《城市生活垃圾分类治理：现实困境与实践进路》，《城市发展研究》第 2 期。

董海军，2019，《"互联网+"环境风险治理：背景、理念及展望》，《南京工业大学学报》（社会科学版）第 5 期。

杜春林、黄涛珍，2019，《从政府主导到多元共治：城市生活垃圾分类的治理困境与创新路径》，《行政论坛》第 4 期。

杜欢政、宁自军，2020，《新时期我国乡村垃圾分类治理困境与机制创新》，《同济大学学报》（社会科学版）第 2 期。

费孝通，2012，《乡土中国》，北京大学出版社。

冯亮、王海侠，2015，《农村环境治理演绎的当下诉求：透视京郊一个村》，《改革》第 7 期。

傅伯杰、于秀波，2000，《中国生态环境的新特点及其对策》，《环境科学》第 5 期。

高海硕、陈桂葵、黎华寿、骆世明、段雄伟、刘亚玲，2012，《广东省农村垃圾产生特征及处理方式的调查分析》，《农业环境科学学报》第 7 期。

格里·斯托克，1999，《作为理论的治理：五个论点》，华夏风译，《国际社会科学杂志》（中文版）第 2 期。

龚文娟，2020，《城市生活垃圾治理政策变迁——基于 1949—2019 年城市生活垃圾治理政策的分析》，《学习与探索》第 2 期。

龚文娟、赵翌、A. W. Butt，2022，《中国城市生活垃圾处置状况及治理研究》，《海南大学学报》（人文社会科学版）第 3 期。

郭施宏、陆健，2020，《城市环境治理共治机制构建——以垃圾分类为例》，《中国特色社会主义研究》第 Z1 期。

何品晶、章骅、吕凡、邵立明，2014，《村镇生活垃圾处理模式及技术路线探讨》，《农业环境科学学报》第 3 期。

贺美德、鲁纳，2011，《"自我"中国：现在中国社会中个体的崛起》，许烨芳等译，上海译文出版社。

洪大用，2015，《推进基本环境服务程序均等化》，《中国社会科学报》7 月 15 日。

洪大用，2022，《关于环境社会治理的若干思考》，《中央民族大学学报》（哲学社会科学版）第 1 期。

洪大用、马芳馨，2004，《二元社会结构的再生产——中国农村面源污染的社会学分析》，《社会学研究》第 2 期。

胡亮、陈嘉星，2018，《"原子化"抑或"组织化"？——对城市社区垃圾分类管理模式的探讨》，《四川环境》第 4 期。

胡双发、王国平，2008，《政府环境管理模式与农村环境保护的不兼容性分析》，《贵州社会科学》第 8 期。

胡象明、刘鹏、曹丹萍，2014，《政府行为对居民邻避情结的影响——以北京六里屯垃圾填埋场为例》，《行政科学论坛》第 6 期。

黄建伟、陈玲玲，2019，《中国基层政府数字治理的伦理困境与优化路径》，《哈尔滨工业大学学报》（社会科学版）第 2 期。

黄娟、石秀秀，2016，《互联网与生态文明建设的深度融合》，《湖北行政学院学报》第 4 期。

黄振华，2014，《国家与农民关系的四个视角——基于相关文献的检视和回顾》，《中国农业大学学报》（社会科学版）第 6 期。

吉丽琴，2018，《农村人居环境可持续治理的丹棱案例研究》，硕士学位论文，电子科技大学。

贾亚娟、叶凌云、赵敏娟，2022，《村庄制度对农村居民生活垃圾分类治理行为的影响研究——基于计划行为理论的分析》，《生态经济》第 9 期。

姜作培，2004，《城乡一体化：统筹城乡发展的目标探索》，《南方经济》第 10 期。

蒋建国、耿树标、罗维、江燕航、高语晨、陈哲红、杨国栋、兰天、孟园、鞠彤瑶、韩思宇、沈鹏飞、向虹霖，2021，《2020 年中国垃圾分类背景下厨余垃圾处理热点回眸》，《科技导报》第 1 期。

蒋培，2019a，《规训与惩罚：浙中农村生活垃圾分类处理的社会逻辑分析》，《华中农业大学学报》（社会科学版）第 3 期。

蒋培，2019b，《农村垃圾分类处理的社会基础——基于浙中陆家村的实证研究》，《南京工业大学学报》（社会科学版）第 6 期。

赖庭汉、吴戊镇、房陈钰、曾金霞、陈璇，2015，《多中心治理视阈下农村生活垃圾处理的实践探索——基于广东 100 条自然村的一线调查》，《广东技术师范学院学报》（社会科学版）第 9 期。

兰梓睿，2020，《发达国家碳标签制度的创新模式及对我国启示》，《环境保护》第 12 期。

兰梓睿，2021，《人口数量与消费结构对城市生活垃圾减量的影响》，《西北人口》第 6 期。

李德营，2015，《邻避冲突与中国的环境矛盾——基于对环境矛盾产生根源及城乡差异的分析》第 1 期。

李瑞光，2011，《国外城乡一体化理论研究综述》，《农村经济学》第

17 期。

李全鹏，2017，《中国农村生活垃圾问题的生成机制与治理研究》，《中国农业大学学报》（社会科学版）第 2 期。

李雯倩、单娟，2019，《现代生活垃圾治理论纲——基于中日治理文化比较的思考》，《中国矿业大学学报》（社会科学版）第 6 期。

李延，2016，《"十三五"江苏生态环境新形势与绿色发展新谋划》，《唯实》第 3 期。

李友梅、黄晓春、张虎翔，2011，《从弥散到秩序："制度与生活"视野下的中国社会变迁（1921—2011）》，中国大百科全书出版社。

李智水、邓伯军，2020，《数字社会形态视域下社会治理的逻辑进路研究》，《云南社会科学》第 3 期。

廖银章，2000，《国外城市生活垃圾管理政策及启示》，《可持续发展》第 1 期。

林兵，2017，《对环境社会学范式的反思》，《福建论坛》（人文社会科学版）第 8 期。

刘威，2010，《街区邻里政治的动员路径与二重维度——以社区居委会为中心的分析》，《浙江社会科学》第 4 期。

刘梅，2011，《发达国家垃圾分类经验及其对中国的启示》，《西南民族大学学报》（社会科学版）第 10 期。

刘明越、李云艳，2015，《农村垃圾污染的危害与治理》，《生态经济》第 1 期。

刘琪，2019，《国内垃圾填埋场管理现状和建议》，《中华环境》第 Z1 期。

刘庆健，2018，《中国实施垃圾分类为何这么难?》，《生态经济》第 1 期。

刘鑫、马兴高、雷宏军、袁江杰，2012，《北京市典型垃圾填埋场地下水污染风险评价》，《华北水利水电学院学报》第 4 期。

卢春天、朱晓文，2015，《农村居民对环境问题的认知及行为适应——基于西北地区 4 省 8 县（区）的实证数据分析》，《南京工业大学学报》（社会科学版）第 4 期。

卢宁，2016，《从"两山理论"到绿色发展：马克思主义生产力理论的创新成果》，《浙江社会科学》第1期。

鲁黎、郭芝含、罗郁，2016，《基于智慧城市理念的生活垃圾全过程管理策略研究》，《科技创新导报》第18期。

罗伯特·金·默顿，1990，《论理论社会学》，何凡兴等译，华夏出版社。

罗如新、黄文芳，2007，《农村废弃物"就地消纳"可行性研究——上海市松江区新浜镇许家草村调查》，《生态经济》第1期。

罗亚娟，2013，《依情理抗争：农民抗争行为的乡土性——基于苏北若干村庄农民环境抗争的经验研究》，《南京农业大学学报》（社会科学版）第2期。

马香娟、陈郁，2005，《农村生活垃圾资源化利用的分类收集设想》，《能源工程》第1期。

迈克尔·布洛维，2008，《制造同意：垄断资本主义劳动过程的变迁》，李荣荣译，商务印书馆。

米歇尔·克罗齐耶、埃哈尔·费埃德伯格，2017，《行动者与系统——集体行动的政治学》，张月等译，格致出版社。

苗青、赵一星，2020，《社会组织裂变：打破僵局的新思维》，《浙江大学学报》第4期。

鸟越皓之，2009，《环境社会学——站在生活者的立场思考》，宋金文译，中国环境出版社。

聂二旗、郑国砥、高定、陈同斌，2017，《中国西部农村生活垃圾处理现状及对策分析》，《生态与农村环境学报》第10期。

潘永刚，2016，《两网融合——生活垃圾减量化和资源化的模式与路径》，《再生资源与循环经济》第12期。

裴亮、刘慧明、王理明，2011，《基于农村循环经济的垃圾分类处理方法及运行管理模式分析》，《生态经济》第11期。

彭兆弟、李胜生、刘庄、杨汉培、李维新、庄巍、李文静、杭小帅，

2016,《太湖流域跨界区农业面源污染特征》,《生态与农村环境学报》第 5 期。

钱坤,2019,《从激励性到强制性——城市社区垃圾分类的实践模式、逻辑转换与实现路径》,《华东理工大学学报》(社会科学版)第 5 期。

乔纳森·H. 特纳,2004,《社会学理论的结构》,北京大学出版社。

秦高炜、孙东琪、王仲智、赵雨蒙,2017,《国内外城乡一体化研究进展》,《现代城市研究》第 8 期。

屈群苹,2021,《市场驱动型治理:城市垃圾"弱前强后"分类的实践逻辑》,《浙江学刊》第 1 期。

任丙强、武佳璇,2021,《"全链条—多主体"视角下城市生活垃圾治理政策的特征分析——基于 133 份市级政策的文本分析》,《内蒙古大学学报》(哲学社会科学版)第 6 期。

荣敬本等,1998,《从压力型体制向民主合作体制的转变》,中央编译出版社。

山本节子,2015,《焚烧垃圾的社会》,姜晋如、程艺译,知识产权出版社。

尚虎平、刘红梅,2020,《城市垃圾分类的绩效及其影响因素——一个全面绩效管理视角下的非干涉研究》,《甘肃行政学院学报》第 2 期。

申振东、姚恩雪,2018,《我国农村生活垃圾处理:政策演变、实施现状及完善路径》,《贵州社会科学》第 9 期。

沈费伟、叶温馨,2020,《基层政府数字治理的运作逻辑、现实困境与优化策略——基于"农事通""社区通""龙游通"数字治理平台的考察》,《管理学刊》第 6 期。

石忆邵,2003,《城乡一体化理论与实践:回眸与评析》,《城市规划汇刊》第 10 期。

司开玲,2011,《农民环境抗争中的"审判性真理"与证据展示——基于东村农民环境诉讼的人类学研究》,《开放时代》第 8 期。

孙加秀，2008，《城乡统筹：生态环境视角的研究》，《兰州学刊》第8期。

孙其昂、孙旭友、张虎彪，2014，《为何不能与何以可能：城市生活垃圾分类难以实施的"结"与"解"》，《中国地质大学学报》（社会科学版）第6期。

孙旭友，2019，《垃圾上移：农村垃圾城乡一体化治理及其非预期后果——基于山东省P县的调查》，《华中农业大学学报》（社会科学版）第1期。

孙旭友，2021，《垃圾分类在农村：乡村优势与地方实践》，《中国矿业大学学报》（社会科学版）第1期。

塔尔科特·帕森斯，2012，《社会行动的结构》，张明德等译，译林出版社。

谭宏泽、Geir Inge Orderud，2017，《地方性环境保护政策的未预后果：以天津水源保护措施为例》，《广东社会科学》第1期。

谭灵芝、孙奎立，2019，《城市生活垃圾分类回收网络治理关系研究——基于指数随机图模型的分析》，《城市与环境研究》第2期。

谭爽，2019，《城市生活垃圾分类政社合作的影响因素与多元途径——基于模糊集定性比较分析》，《中国地质大学学报》第2期。

谭文柱，2011，《城市生活垃圾分类困境与制度创新——以台北市生活垃圾分类收集管理为例》，《城市发展研究》第7期。

唐丽霞、左停，2008，《中国农村污染状况调查与分析：来自全国141个村的数据》，《中国农村观察》第1期。

特伦斯·霍克斯，1997，《结构主义和符号学》，瞿铁鹏译，上海译文出版社。

田松，2014，《在生态文明形态下解决垃圾痼疾》，《中国社会科学报》7月18日。

王锋、胡象明、刘鹏，2014，《焦虑情绪、风险认知与邻避冲突的实证研究——以北京垃圾填埋场为例》，《北京理工大学学报》（社会科学版）第 6 期。

王婧，2017，《环境视角下的"传统小农"和"新中农"现象——基于南方稻作区黔、皖若干农户的微观行为考察》，《南京工业大学学报》（社会科学版）第 6 期。

王君，2017，《我国农村垃圾分类问题现状与改进对策》，《环境卫生工程》第 1 期。

王宁，2001，《消费社会学》，社会科学文献出版社。

王莎、马俊杰、赵丹、雷品婷，2014，《农村生活垃圾问题及其污染防治对策》，山东农业科学出版社。

王诗宗、徐畅，2020，《社会机制在城市社区垃圾分类政策执行中的作用研究》，《中国行政管理》第 5 期。

王泗通，2019，《破解垃圾分类困境的社区经验及其优化》，《浙江工商大学学报》第 3 期。

王小红、张弘，2013，《基于经济学视角的城市垃圾回收对策与处理流程研究》，《生态经济》第 7 期。

王晓毅，2010，《沦为附庸的乡村与环境恶化》，《学海》第 2 期。

王晓毅，2018，《再造生存空间：乡村振兴与环境治理》，《北京师范大学学报》（社会科学版）第 6 期。

王岳川，2022，《消费社会中的网络与比较文化问题》，《中国比较文学》第 3 期。

王子彦、丁旭，2009，《我国城市生活垃圾分类回收的问题与对策——日本城市垃圾分类经验的借鉴》，《生态经济》第 1 期。

韦茜佳、周若昕、李娜英、李浩、韩智勇，2022，《生活污泥-厨余-存量垃圾多元物料蚯蚓堆肥工艺及应用环境风险评估》，《生态与农村环境学报》第 10 期。

魏佳容，2015，《城乡一体化导向的生活垃圾统筹治理研究》，《中国人口·资源与环境》第 4 期。

乌尔里希·贝克，2003，《风险社会》，何博闻译，译林出版社。

吴和岩、张建鹏、潘尚霞、何昌云、黄锦叙，2012，《2011 年广东省农村垃圾和污水现状调查》，《环境与健康杂志》第 3 期。

吴金芳，2018，《从迎垃圾下乡到拒垃圾下乡——对垃圾问题的历史与社会考察》，《湖北经济学院学报》（人文社会科学版）第 3 期。

吴晓林、邓聪慧，2017，《城市垃圾分类何以成功？——来自台北市的案例研究》，《中国地质大学学报》第 6 期。

吴毅，2001，《"双重角色"、"经济模式"与"撞钟者"和"守夜人"》，《开放时代》第 12 期。

武春友、孙岩，2006，《环境态度与环境行为及其关系研究的进展》，《预测》第 4 期。

武攀峰、崔春红、周立祥、李超，2006，《农村经济相对发达地区生活垃圾的产生特征与管理模式初探——以太湖地区农村为例》，《农业环境科学学报》第 1 期。

夏循祥，2016，《农村垃圾处理的文化逻辑及其知识治理——以坑尾村为例》，《广西民族大学学报》（哲学社会科学版）第 5 期。

肖瑛，2014，《从"国家与社会"到"制度与生活"：中国社会变迁研究的视角转换》，《中国社会科学》第 9 期。

徐晓春，2003，《农村生活垃圾污染防治对策探讨》，《甘肃环境研究与监测》第 4 期。

许竹青、骆艾荣，2021，《数字城市的理念演化、主要类别及未来趋势研究》，《中国科技论坛》第 8 期。

薛立强，2019，《居民参与生活垃圾分类的经验及启示——以日本、德国为例》，《上海城市管理》第 6 期。

颜佳华、王张华，2019，《数字治理、数据治理、智能治理与智慧治理概念及其关系辨析》，《湘潭大学学报》（哲学社会科学版）第 5 期。

杨方，2012，《城市生活垃圾分类的困境与制度创新》，《唯实》第 6 期。

杨金龙，2013，《农村生活垃圾治理的影响因素分析——基于全国 90 村的调查数据》，《江西社会科学》第 6 期。

杨列、陈朱蕾、史波芬，2009，《国外农村垃圾治理综述与思考》，《中国城市环境卫生协会年会论文集》。

杨培峰，1999，《城乡一体化系统初探》，《城市规划汇刊》第 2 期。

杨晓波、奚旦立、毛艳梅，2004，《农村垃圾问题及其治理措施探讨》，《农业环境与发展》第 4 期。

杨筑慧，2020，《日常生活视角下的垃圾分类与反思》，《社会发展研究》第 1 期。

姚建尚，2021，《将制度优势转化为地方治理效能的路径探讨——来自长三角生态绿色一体化发展示范区的启示》，《国家治理》第 Z1 期。

姚伟、曲晓光、李洪兴、付彦芳，2009，《我国农村垃圾产生量及垃圾收集处理现状》，《环境与健康杂志》第 1 期。

叶新，2016，《源头分类，激励模式管用吗?》，《环境经济》第 Z3 期。

伊恩·道格拉斯，2016，《城市环境史》，孙民乐译，江苏教育出版社。

伊庆山，2019，《乡村振兴战略背景下农村生活垃圾分类治理问题研究——基于 S 省试点实践调查》，《云南社会科学》第 3 期。

俞可平，2000，《治理与善治》，社会科学文献出版社。

约翰·贝拉米·福斯特，2006，《马克思的生态学——唯物主义与自然》，刘仁胜、肖峰译，高等教育出版社。

约翰·贝拉米·福斯特，2015，《生态革命——与地球和平相处》，刘仁胜等译，人民出版社。

约翰·汉尼根，2009，《环境社会学》（第二版），洪大用等译，中国人民大学出版社。

曾鸣、谢淑娟，2007，《中国农村环境问题研究——制度透析与路径选择》，经济管理出版社。

詹姆斯·奥康纳，2003，《自然的理由：生态学马克思主义研究》，唐正东、臧佩洪译，南京大学出版社。

詹姆斯·C. 斯科特，2019，《国家的视角：那些试图改善人类状况的项目是如何失败的》，王晓毅译，社会科学文献出版社。

张劼颖、王晓毅，2018，《废弃物治理的三重困境：一个社会学视角的环境问题分析》，《湖南社会科学》第 5 期。

张金俊，2012，《转型期国家与农民关系的一项社会学考察——以安徽两村"环境维权事件"为例》，《西南民族大学学报》第 9 期。

张静、促跻胜、邵立明、何品晶，2009，《海南省琼海市农村生活垃圾产生特征及就地处理实践》，《农业环境科学学报》第 11 期。

张英民，2014，《农村生活垃圾处理与资源化管理》，中国建筑工业出版社。

张萍、农麟、韩静宇，2017，《迈向复合型环境治理：我国环境政策的演变、发展与转型分析》，《中国地质大学学报》（社会科学版）第 6 期。

张强、刘彬、刘巍、张斌，2014，《我国中部某市农村垃圾现状调查及处理对策研究》，《中国人口·资源与环境》第 12 期。

张益，2015，《我国农村生活垃圾处理现状与发展》，《城市管理与科技》第 3 期。

张玉林，2009，《高速经济增长的逻辑何在？——关于"中国速度"的合法性质疑》，《环境保护》第 15 期。

张玉林，2016，《农村环境：系统化伤害与碎片化治理》，《武汉大学学报》（人文科学版）第 2 期。

赵晶薇、赵蕊、何艳芬、王森、安勤勤，2014，《基于"3R"原则的农村生活垃圾处理模式探讨》，《中国人口·资源与环境》第 S2 期。

赵树枫、陈光庭、张强，2001，《北京郊区城市化探索》，首都师范大学出版社。

赵细康，2018，《环境保护政策执行中的分权和公众参与：以广东农村垃圾治理为例》，《广东社会科学》第 5 期。

郑凤娇，2013，《农村生活垃圾分类处理模式研究》，《吉首大学学报》（社会科学版）第 3 期。

钟锦文、钟昕，2020，《日本垃圾处理：政策演进、影响因素与成功经验》,《现代日本经济》第 1 期。

钟秋爽、孙晓文、路宏伟、罗进、吴晓春,2014,《太湖流域农村生活垃圾分类收集与资源化利用技术研究》,《环境工程》第 3 期。

钟兆盈,2021,《杭州推动实现全域"无废城市"建设目标》,《中国环境报》9 月 30 日,第 4 版。

周飞舟,2021,《从脱贫攻坚到乡村振兴:迈向"家国一体"的国家与农民关系》,《社会学研究》第 6 期。

Aguilar, O. 2018. "Toward a Theoretical Framework for Community." *The Journal of Environmental Education* 49(3): 207-227.

Lora-Wainwright, Anna. 2017. *Resigned Activism: Living with Pollution in Rural China*. The MIT Press.

Anwar, S. et al. 2018. "Optimization of Solid Waste Management in Rural Villages of Developing Countries." *Clean Technologies and Environmental Policy* (12).

Astane, A. R. Darban & Hajilo, M. 2017. "Factors Affecting the Rural Domestic Waste Generation." *Global Journal of Environmental Service and Management* 3(4): 417-426.

Baabereyir, A. 2009. "Urban Environmental Problems in Ghana: A Case Study of Social and Environmental Injustice in Solid Waste Management in Accra and Sekondi-Takoradi." University of Nottingham, Nottingham. http://eprints.nottingham.ac.uk/10847/.

Bel, G. & Mur, M. 2009. "Intermunicipal Cooperation, Privatizationand Waste Management Costs: Evidence from Rural Munici-palities." *Waste Management* 29(10): 2772-2778.

Bennett, J. 2010. *Vibrant Matter: A Political Ecology of Things*. Durham: Duke University Press.

Bernardes, C. & Günther, W. M. R. 2014. "Generation of Domesticsolid Waste in Rural Areas: Case Study of Remote Communi-ties in the Brazilian Amazon. " *Human Ecology* 42 （4）：617-623.

Chouvy, P. A. 2013. "A Typology of the Unintended Con Sequences of Drug Reduction. " *Journal of Drug Issues* 43 （2）：216-230.

Dunalp, R. E. & Catton, W. R. 1979. "Environmental Sociology. " *Annual Review of Sociology* （5）：243-273.

Garbage Collection Policy. 2010. "The Rural Municipality of North Qu' Appelle. " No. 187, Canada.

Gille, Z. 2010. "Actor Networks, Modes of Production, and Waste Regimes：Reassembling the Macro-Social. " *Environment and Planning* （42）：1049-1064.

Guagnano, G. A. , Stern, P. C. , & Dietz, T. 1995. "Influences on Attitude-Behavior RelationShips：A Natural Experiment with Surb-Side Recycling," *Environment and Behavior* 27 （5）：699.

Hannigan, J. A. 1997. *Environment Sociology: A Social Constructionist Perspective*. New York：Routledge.

Han, Zhiyong, Liu Dan, Wu Jing, et al. 2015. "Characteristics and Management of Domestic Waste in the Rural Area of Southwest China. " *Waste Management & Research* 33 （1）：39-47.

Howard, G. J. 1999. "Garbage Laws and Symbolic Policy：Governmental Responses to the Problem of Waste in the United State. " *Criminal Justice Policy Review* 10 （2199）：257-290.

Lai, Lili. 2014. "Everyday Hygiene in Rural Henan. " *Positions: East Asia Cultures Critique* 22 （3）：635-659.

Lenahan, O'Connell. 2006. "Emergent Accountability in State-Local Relations：Some Lessons from Solid Waste Policy in Kentucky. " *Administration & Society* 38 （4）：500-513.

Marshall, R. E. & Farahbakhsh, K. 2013. "Systems Approaches to Integrated Solid Waste Management Indeveloping Countries. " *Waste Management*：

988-1003.

Martin, V. 1981. *Melos Garbage in the Cities: Reuse, Reform, and the Environment, 1880-1980.* College Station: Texas A & M University Press.

Messineo, A. & D. Panno. 2008. "Municipal Waste Management in Sicily: Practices and Challenges." *Waste Management* (28): 1201-1208.

Moncrief, L. W. 1970. "The Cultural Basis for Our Ecologic Crisis." *Science* 170 (3957): 508-512.

Rhodes, R. A. W. 1996. "The New Governance: Governing Without Government." *Political Studies* (44): 652-667.

Rosalyn, M. & Roger, D. 2000. "Soci-Political-Cultural Foundation of Environmental Education." *The Journal of Environmental Education* 31 (4): 37-45.

Ruggles. , K. 2005. "Technology and the Service Supply Chain." *Supply Chain Management Review* (10).

Salamon, L. (eds). 2002. *The Tools of Government: A Guide to New Governance.* NewYork: Oxford University Press.

Sanneh, E. S. et al. 2011. "Introduction of a Recycling System for Sustainable Municipal Solid Waste Management : A Case Study on the Greater Banjul Area of the Gambia." *Environment Development & Sustainability* 13 (6): 1065-1080.

Schnailberg, Allan, David N. Pellow, & Adam Weinberg. 2002. "The Treadmaill of Production and the Environmental State." In P. T. md & Fredcrick H. Buttel (eds. ), *The Environnmented State under Pressure* (pp. 15-32) . Amsterdam: Elsevier Science.

Sobolewska, A. 2008. "Factors Determining the Introduction of a 'Garbage Tax' in Rural Areas." *Village and Agriculture* (1).

Strasser, Susan. 2000. *Waste and Want: A Social History of Trash.* Holt Paperbacks.

**图书在版编目（CIP）数据**

城乡生活垃圾分类治理：模式与经验／孙旭友著.
北京：社会科学文献出版社，2024.12. --（社会工作与
社会治理丛书）.--ISBN 978-7-5228-4153-3

Ⅰ.X799.305

中国国家版本馆 CIP 数据核字第 2024BW3251 号

社会工作与社会治理丛书
城乡生活垃圾分类治理：模式与经验

著　　者／孙旭友

出 版 人／冀祥德
责任编辑／胡庆英
文稿编辑／张真真
责任印制／王京美

出　　版／社会科学文献出版社·群学分社（010）59367002
　　　　　地址：北京市北三环中路甲 29 号院华龙大厦　邮编：100029
　　　　　网址：www.ssap.com.cn
发　　行／社会科学文献出版社（010）59367028
印　　装／三河市龙林印务有限公司

规　　格／开　本：787mm×1092mm　1/16
　　　　　印　张：13.5　字　数：192 千字
版　　次／2024 年 12 月第 1 版　2024 年 12 月第 1 次印刷
书　　号／ISBN 978-7-5228-4153-3
定　　价／89.00 元

读者服务电话：4008918866